U0387121

忙碌的元素家族

王 会 **主编**　　王逍冬 **本册主编**

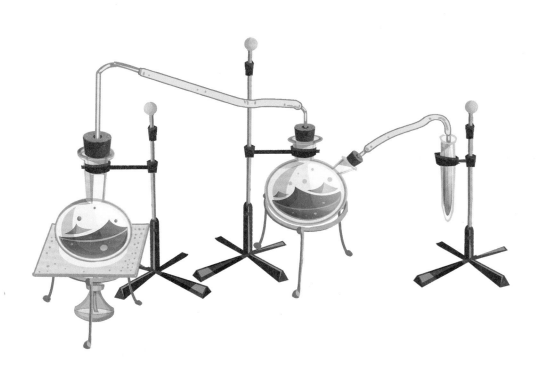

河北出版传媒集团　河北少年儿童出版社

图书在版编目（CIP）数据

忙碌的元素家族 / 王会主编. —— 石家庄：河北少
年儿童出版社, 2021.1（2023.8重印）
（科学王国里的故事）
ISBN 978-7-5595-3630-3

Ⅰ.①忙… Ⅱ.①王… Ⅲ.①化学元素 – 少儿读物
Ⅳ.①O611-49

中国版本图书馆CIP数据核字(2020)第241336号

科学王国里的故事
忙碌的元素家族
MANGLU DE YUANSU JIAZU

王　会　主编　王逍冬　本册主编

策　　划	段建军	孙卓然	赵玲玲		
责任编辑	尹　卉			特约编辑	王瑞芳
内文绘图	杨旭刚	李海晨		装帧设计	王立刚
	英　茹	李庆龙		封面绘图	乐懿文化

出　　版	河北出版传媒集团　河北少年儿童出版社	
	（石家庄市桥西区普惠路6号　邮政编码：050020）	
发　　行	全国新华书店	
印　　刷	鸿博睿特（天津）印刷科技有限公司	
开　　本	710mm×1000mm　1/16	
印　　张	12	
版　　次	2021年1月第1版	
印　　次	2023年8月第5次印刷	
书　　号	ISBN 978-7-5595-3630-3	
定　　价	29.80元	

版权所有，侵权必究。
若发现缺页、错页、倒装等印刷质量问题，可直接向本社调换。
电话：010-87653015　传真：010-87653015

目　录

梦游空气王国（一）
——空气是由什么物质组成的？

　　小慧十分聪明，遇事总爱问个为什么。晚上，她凝视着天上的繁星好奇地问它们为什么那么闪亮；白天，她仰望着浮动的白云问它们是怎么形成的；看到地上的红花绿草问它们生长靠什么……这天她又问起了空气的秘密：

　　"爸爸，刮风时，树梢为什么会动呀？"

　　爸爸说："那是空气在推着树梢动。"

　　小慧歪着脑袋，不解地问："空气在哪儿，我怎么看不见呀？"

　　妈妈插话道："在空中啊！地球被一个很厚很厚的大气圈包围着。空气是无形无色的气体。"

　　"妈妈，空气里有些什么呀？"小慧好奇地问。爸爸、妈妈也说不清楚了。于是，妈妈哄着小慧说："以后，你会知道的，快去睡吧。"

　　一会儿，小慧便进入了梦乡。她做了一个神奇的梦。

　　她腾云驾雾一般，来到了一个地方。这里环境幽雅，大人

们各做各的事，小孩儿们尽情地玩耍。这里莫不是一个极乐世界？小慧心想。

她四处张望着，忽然发现在一棵大杨树下，一群小孩儿正围着一位白发苍苍的老奶奶讲故事。她来到这位老人面前，很有礼貌地说："老奶奶您好。"其他小孩儿见来了一位与众不同的小朋友，露出恐惧的样子。

老奶奶对他们说："不要怕，她是地球上的人，是我们朝夕相处的朋友。"小孩儿们不再害怕了。

小慧问："这是什么地方？"

"空气王国。"

小慧又问："老奶奶，你们在干什么呢？"

"在给这些孩子们讲你们发现我们空气成员的故事呢。"

"我也来听听好吗？"

"可以啊。"

小慧侧耳倾听起来。

"我们空气时刻都生活在人类身边，我们能看见他们，可是他们看不见我们。因为我们会隐身术，这也是我们护身的法宝。"老奶奶说到这里，转向小慧说，"可你们真是聪明，渐渐发现了我们的存在。特别是你们人类中的成员——科学家，把我们王国的成员都摸清了。"

"您能具体说说吗？"小慧对这些很感兴趣。

老奶奶喘了口气接着说："18 世纪 70 年代，瑞典化学家舍勒和英国化学家普里斯特利，曾先后用加热某些物质的不同方法，分别发现并制得了一种气体，它能使物质燃烧得更旺。这就是我们王国中的氧气。法国化学家拉瓦锡在前人研究的基础上，通过实验得出了空气是由氧气和氮气组成的结论。19世纪末，科学家们又做了不少实验，终于发现了我们空气里的氦(hài)、氖(nǎi)、氩(yà)、氪(kè)、氙(xiān)、氡（dōng）等稀有气体，以及其他气体和一些杂质。"

一位小孩儿担心起来，说："人类了解了这些会伤害我们吗？"

老奶奶说："不必担心，他们研究我们是想利用我们。"

小慧插问一句："这些气体的含量相同吗？"

"不同。按体积计算，大致是：氧气21%，氮气78%，稀有气体0.94%，二氧化碳0.03%，其他气体和杂质0.03%。"老奶奶说，"我们还有许多秘密没有被发现呢！"

小慧恳求道："您能告诉我吗？"

"不能。我们还要考验考验你们人类到底有多聪明。"老奶奶说罢，笑眯眯地和那些小孩儿渐渐隐身远去。

小慧忙喊道："老奶奶，老奶奶！"小慧的妈妈听见喊声，摇醒了她。小慧才意识到自己在做梦。

在妈妈的劝慰中，小慧又睡着了。

大气由许多成分组成

按照右侧的方法做，当烛火熄灭后，水会上升到杯中1/5的地方。这说明失去的1/5气体是氧气，剩下的主要是氮气及其他成分。

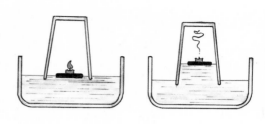

4

梦游空气王国（二）
——氧气有什么用途？

　　小慧念念不忘那个空气王国。睡梦中，她又去找空气王国中的老奶奶了。

　　"小慧，你又来了，很好。今天，我们空气王国要组织一次氧气、氮气、惰性气体的奇功表演大会。我带你和空气小朋友们去瞧瞧，好吗？"

　　"好！这正是我盼望的呢。"其他小朋友也高兴得直拍巴掌。

　　老奶奶说："今天上午，由氧气代表队表演，地点在炼钢厂。咱们快走吧！"

　　他们乘上老奶奶的风云车，转眼工夫，就到了炼钢厂的大门口。

　　老奶奶带领他们先来到了实验室。这里已挤满了观众，只见一张大长方桌上摆满了瓶瓶罐罐。

　　不一会儿，大会主持宣布："奇功表演大会开始！先由氧气代表队为大家表演他们的奇功妙术。"

氧气领队站出来，很神气地对大家说："首先表演一个小魔术，请留心观看。"

只见代表队全体成员迅速挤进一个玻璃瓶中。领队点燃一支蜡烛，那火焰晃晃悠悠地向上冒着，并不太明亮。领队把蜡烛钩在一段铁丝的一头，然后提醒大家注意燃烧的蜡烛放到氧气瓶里后会有什么变化。燃烧的蜡烛被放进氧气瓶里了，奇迹立刻出现了：火焰挺立起来了，并发出耀眼的光芒。"妙！妙！"周围的观众沸腾了。这时，氧气领队显得更神气了，他自豪地说："这就是我们氧气神奇的助燃功能！好戏还在后头，请大家到炼钢炉旁继续观看我们的表演！"

小慧随老奶奶来到了炼钢炉旁。好高大的一座炼钢炉呀！老奶奶说："把氧气或添加了氧气的空气鼓入炼钢炉内，可以提高炉子里的温度，加速冶炼速度，提高钢材的质量。快看，表演就要开始了！"

氧气领队高喊："氧气弟兄们，快进鼓风机，一时进不去的，在后面接续。注意进炉要快！"

氧气领队见大家准备就绪，手一挥："开机！"只听鼓风机轰隆隆地响起来了，氧气们争先恐后地往炉里钻。火红了，越来越红了；炉内温度升高再升高。过了一段时间，火红的钢水淌出来了，钢花飞溅着。这火花真像节日的礼花呀！

小慧看呆了，周围的观众看傻了！不知是谁先鼓起掌来，紧接着便是掌声雷动。大家互相议论着："氧气真了不起！"

这时，氧气领队更加精神抖擞。他拍着胸脯说："我们的用途还多着呢。工农业生产离不开我们，人类的呼吸离不开我们，动物的呼吸离不开我们……"

小慧轻轻地推一推老奶奶，说："他是不是在吹牛呀？"

"不是的，句句是真。你还小，对氧气了解得不够多，等你长大了，你会对他有更多更深的认识的。"

表演结束了。老奶奶说："咱们走吧！准备观看氮气的表演。"

没有我你会死的！

梦游空气王国（三）

——你知道氮气的用途吗？

　　氮气的表演地点定在灯泡制造厂。

　　中午饭后，小慧和空气小朋友们又踏上了老奶奶的风云车。

　　在车上，大家有说有笑。小慧问老奶奶："奶奶，我对氮气太陌生了，您能先给我介绍一下他的特点吗？"

　　"你这孩子比我们空气王国中的孩子好学，他们要都像你就好了。"

　　"奶奶，我是真的一点儿也不知道。"

　　"还挺谦虚。好，奶奶也不保守了，把我知道的都告诉你。"

　　老奶奶清了清嗓子，说："氮气的性格很特别，他似乎对什么都不感兴趣，既不能帮助燃烧，也不能维持生命。但是，在一定条件下，他也能跟其他物质发生反应。人类利用他的这一性质，通过复杂的工艺制成了氮肥、炸药等。"

　　小慧插了一句："我听说空气里的氮气被豆科作物根瘤菌

固定后，还能成为农作物的养料呢！"

老奶奶夸赞说："小慧真不愧叫'慧'，遇事就爱动脑子。你说得很对！"

老奶奶停了一下，问："你怕打雷吗？"

小慧说："怕。一打雷，我就捂耳朵，有时还吓得往妈妈怀里钻呢！"

老奶奶说："空气小朋友们可不怕。闪电就在他们中间，那时他们可快活了，东奔西跑的，还争着去观看那天上的'焰火'呢。你可知道，这一打闪啊，就有许多氮气和氧气结合了，生成的物质溶在水滴中，落到土壤里，就成了氮肥。每年因雷雨而落到大地怀抱里的氮肥有4亿多吨呢。"

"啊！打雷闪电，还能造化肥，真是奇妙，奇妙！"

老奶奶说："不知不觉到了灯泡厂了，快下车吧！"

这里的观众真不少。氮气领队迈着稳健的步伐走到大家面前，慢悠悠地说："我们现场表演一时难以做到，还是请大家参观一下这里的灯泡仓库吧。我的氮气弟兄们早已钻进了灯泡，他们都忠实地坚守着岗位呢。"

大家定睛观看，氮气都紧紧簇拥在灯泡内的钨丝周围，像忠诚的卫兵一样。

氮气领队介绍说："我们氮气可以减慢钨丝的挥发速度，延长灯泡的寿命。"大家被氮气这种默默无闻的工作态度深深打动了。

小慧对奶奶说："我们可真没白来这一趟呀！"

忽听大会主持人宣布："今天夜间在街中心广场有惰性气体代表队的表演。那可是最好看、最有趣的了，大家不要错失观看良机哟！"

一听说夜间有更好玩儿的，小朋友们个个欢呼雀跃。他们等待着，盼望着。

梦游空气王国（四）

——你知道霓虹灯为什么是五颜六色的吗？

夜幕降临了。孩子们又来到了老奶奶身旁。

老奶奶说："今天晚上我们不坐风云车，我们一起步行去街中心广场，可以边走边欣赏街景，大家说好吗？"大家异口同声地回答："好！"

街上简直是灯的海洋，特别是那商店的橱窗、招牌、广告牌上的霓 (ní) 虹灯，五光十色，喷射着、闪烁着夺目的光彩。广场到了。只见一根高耸的灯杆，挑着四盏灯，像四个小太阳，把整个广场照得亮如白昼。

表演开始了。惰性气体领队身披彩纱出现在围得水泄不通的广场中间。大家被她那轻盈的步履、窈窕的身姿迷住了。只见她轻启朱唇、柔声细语地对大家说："我们稀有气体家族有氦 (hài)、氖 (nǎi)、氩 (yà)、氪 (kè)、氙 (xiān) 等姐妹。人类称我们为惰性气体是有道理的。我们生性孤僻，不善交际。不过，我们有特殊的用途。夜晚的街上被打扮得五光十色，其中有我们的功劳呢！"

惰性气体领队指着远处的红色霓虹灯广告牌，说："那边的霓虹灯里充的是氖气，一通电，它就会发出红色的光。这种红光穿透能力很强。氖灯还广泛地被应用在航空、航海上。"

小慧对奶奶说："真的，您看那霓虹灯离我们那么远，还犹如在眼前一般明亮清晰呢。"

惰性气体领队继续介绍："大家再看左前方那紫蓝色的霓虹灯招牌，那是氩气小妹在工作。右前方那粉红色的霓虹灯，灯管内充的是氦气。"

惰性气体领队仰起头，对广场上的四盏"小太阳"喊："氙气大姐，你向朋友们做个自我介绍吧！"氙气像做广播似的说："我们住的这个灯管房子，不是普通的玻璃房子，而是石英玻璃房，一通电，就能发出比荧光灯强几百倍的强光。被人们称为'人造小太阳'，我觉得并不过分。"这时，氙气像使了魔法，灯光更加耀人眼目。

此时，惰性气体领队也飘飘然了。她指着正前方一个闪烁的五彩霓虹灯自豪地说："那是氖、氩、氙他们在跳集体狂欢舞呢！你们不要以为我们只适用于灯，我们中的氦在原子反应堆技术中，还可用来做冷却剂呢！"

观众们看呆了，也听得陶醉了。这时，大会主持人站出来，高声对观众说："我们的表演到此就全部结束了。我们组织这次表演大会的目的不是比高低——实际上很难比出高低，各有各的绝活儿嘛！我们的目的是要大家互相学习，共同造福于人类！"会场上响起了热烈的掌声。

　　小慧多想再看下去、听下去呀！老奶奶开始催她了："孩子，快走吧！"

　　"不走，不走！"小慧被自己的说话声惊醒了，原来又是一场梦，一场难忘的梦。

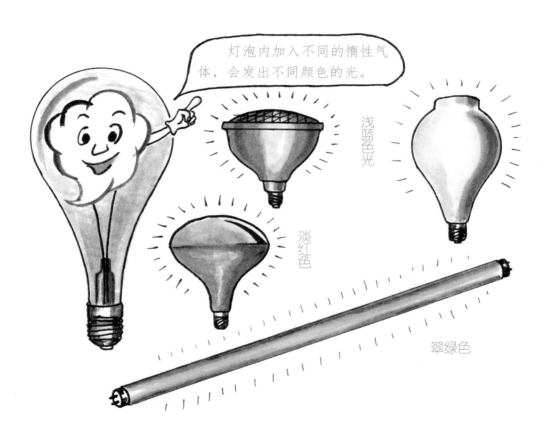

氧气会被用光吗?

　　芳芳今天在学校里学习了氧气的用途，她知道了人和动物都要呼吸氧气，她还懂得了在工业上冶炼、切割等也离不开氧气。但有一点儿使她很困惑。那就是空气中的氧气是有限的，如果这么无休止地使用下去，氧气被用完了怎么办呢?

　　回到家里，她总感觉不大痛快。妈妈看出芳芳好像有心事，就去问芳芳。芳芳把憋在心里的困惑一五一十地对妈妈讲了。

　　妈妈说："你小小的年纪也太多愁善感了。"

　　哥哥在一旁，听了后也觉得好笑，不过他小时候也曾有过这样的担忧，后来经过学习，他明白了这种担忧是多余的，因此觉得自己今天有责任为妹妹排忧解难。

　　哥哥说："芳芳呀，听我给你讲个故事吧。很早很早以前，杞(qǐ)国有个人，担心天要塌下来将无处存身，因此愁得觉也不睡，饭也不吃，后来呀……"

　　还未等哥哥说完，芳芳就着急地说："你讽刺我'杞人忧天'！"

"对了，你正是'杞国无事忧天倾'呀！不过，也不丢人。有的大科学家当初也和你一样想法呢。1898年，英国一位物理学家开尔文就有这样的忧虑——随着工业的发达与人口的增多，500年以后，地球上所有的氧气将被用光，人类将趋于灭亡！你看他是不是和你一样无事忧天倾吗？"

芳芳说："哥哥，你不忧天，你给我解释解释。"

哥哥说："你只是看到问题的一个方面——消耗氧气，生成二氧化碳；却忽视了另一方面——生成氧气，消耗二氧化碳。"

芳芳催促道："说下去，说下去！"

"这不正说着吗，急什么？"哥哥继续说，"地球上的树木、花草、庄稼，它们的叶子在阳光下都会吸收空气中大量的二氧化碳，同时释放出大量的氧气。据估算，4棵大树每天吸收的二氧化碳，约等于1个人每天所呼出的二氧化碳呢！"

"因此这就是绿化植树可以保护环境的原因喽！"

"一点儿不错。"芳芳听后轻松多了。

妈妈高兴地对芳芳说："以后多学知识，心胸就开阔了。"芳芳腼(miǎn)腆(tiǎn)地笑了。

油锅里跑出的怪味儿是什么？

星期天，杨光写完作业看妈妈洗衣服太累了，于是决定自己动手做晚饭。

不一会儿，高压锅里的米饭就熟了。杨光手忙脚乱地切好肉和豆角、芹菜，便点着了火，锅热了放油，油热了放肉，哎，真糟糕，菜铲呢？"妈妈，我找不到菜铲！"杨光急得大声喊道。

妈妈一边用毛巾擦着手一边奔过来关上了炉子，只见油锅里的油翻滚着，一股刺鼻的怪味儿迎面扑来。杨光憋住气，三步并作两步跑到客厅，这才长长地喘了口气。

还是妈妈眼疾手快，找到了铲子，点着火，接着炒起菜来。

吃饭的时候，杨光想起刚才的狼狈劲儿，真有些不好意思。都这么大了，连顿现成饭都不能让妈妈吃上，他心里真不是滋味。

"杨光，你在想什么？"妈妈看到杨光心不在焉，问道。

"啊，我在想刚才炒菜时锅里难闻的气味是怎么回事？"杨光支吾着。确实，这简直是个谜，因为当时锅里只有油和

肉，那都是吃起来香喷喷的东西，怎么会有那样一种怪味儿呢？

妈妈笑了，她对自己的儿子还是了解的：儿子脑子里总爱思考问题，而且遇到问题非弄明白不可，难怪同学们叫他"小博士"。

"儿子！"妈妈叫杨光，"你知道吗？锅里的油和猪肉里有许多脂肪，刚才你找不到铲子时，火太大了，油和肉的温度很高，这样一来，肉里面的脂肪在高温下变为甘油，接着变成了一种气体——丙烯（xī）醛（quán）。"

"妈妈，丙烯醛就是那种怪味儿。是吗？"

　　"对！"妈妈告诉杨光，"丙烯醛在军事上被用作毒气、催泪弹；在生产中丙烯醛经过一系列处理，还能变成塑料。"

　　啊，看来烧菜时，要掌握好火候呀！杨光决定吸取教训，再做饭时，提前把要用的都准备好。他暗暗下定决心：下星期日一定让妈妈吃上他做的饭菜。

灭火器是怎样灭火的?

　　小火苗是碳元素妈妈的一个较顽皮的儿子。小火苗由于平时能帮人们烧水做饭，常得到人们的夸奖，因此慢慢地就骄傲自满起来。有时他还口出狂言："我若将成堆的柴草、木料，成桶的油点燃，便会引起熊熊大火，谁能管得了我呢！"碳妈妈生怕小火苗在外面闯祸，所以总不让他随便出去玩。这可把小火苗憋坏了。

　　一天，小火苗偷偷地溜出了家门。他走着走着，忽然看见前面热闹非凡。他走近一看，原来那里正在进行灭火器比武。小火苗很生气，他小声说："想制服我，没那么容易！我倒要看看你们有多大能耐！"

　　小火苗来到一个小土坡上观看。只见场中有六只灭火器身着红色外衣，昂首挺立——还挺精神的。现在，酸碱式灭火器发言："我主要用于扑灭一般物质失火。我的躯壳是一个钢筒，肚里装的是碳酸氢钠水溶液。钢筒中间，有一个小瓶，里面装的是硫酸，它是我的心脏。我平时是正立的，使用时，我就来一个身体倒立。这时，我肚里的碳酸氢钠水溶液和心脏中的硫酸就混合在一起了，于是产生大量的泡沫。泡沫会从我的嘴里喷出来把火灭掉。一会儿我亲自表演。"

小火苗听后，自言自语地说："这算什么，如果我将汽油类的物质点燃，你就无可奈何了！"

这时，主持人宣布："下面由泡沫灭火器介绍自己。"

泡沫灭火器走到场中央大声说道："我主要用于扑灭油类物质失火。我肚里装的也是碳酸氢钠水溶液，心脏里装的与酸碱式灭火器弟弟不同，是硫酸铝溶液。当我被倒过来时，心脏中的硫酸铝混进碳酸氢钠溶液中去，就会产生大量的二氧化碳和泡沫。它们从我嘴中蹿出去，冲进火中。它们沉重的身体就压在燃烧物质上，能有效地隔绝空气（二氧化碳不自燃，也不助燃），同时还能使燃烧物的温度降低，这样烈火就会乖乖地投降了。"

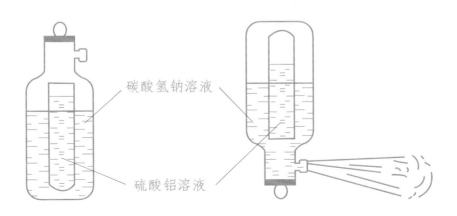

碳酸氢钠溶液

硫酸铝溶液

泡沫灭火器构造原理示意图

小火苗听完后一吐舌头："好厉害呀！死对头！"稍静了一下，小火苗突然想道：在我玩火前，就把你们弄倒，这样火起时你们就无能为力了。

这时主持人说："还有一种灭火器叫舟车式灭火器，它适宜于车船上使用，即使偶然翻倒，也问题不大。我们就不单做介绍了。下面请观看前两种灭火器的表演！"

只见场中立刻点燃了两堆大火：一是柴火，一是油火，火光冲天。这时，六只灭火器一边三只，同时来了一个身体倒立，六条白烟喷射而出，不一会儿，两堆火便被扑灭了。

小火苗此时犹如泄了气的皮球——蔫 (niān) 了。

回到家里，小火苗郁闷地和妈妈述说了这一切。妈妈说："孩子，不用害怕，你只要老老实实地为人们做好事，灭火器是不会伤害你的。"

小火苗说："我一定做好事，不做坏事！"

刚打开的可乐·为什么会冒气泡?

8月26日是李强的生日。好朋友王伟手拿一个包装精致的小礼品盒快步向李强家走来。

王伟一进门,看见正对门口的墙上用小彩灯摆出了"生日快乐"四个熠(yì)熠生辉的大字。墙的四角上,分别布有一盏小红灯,闪烁(shuò)着柔和的光芒。窗帘拉着,屋内充满了温馨、欢乐的气氛。早来的几位朋友正在玩扑克。李强见王伟来了,连忙迎了上去。王伟抢先说:"祝你生日快乐!这个小老虎送给你。"接着,他把小礼品盒递了过去。李强边接过礼物边说:"谢谢你!快坐下,就等你了。"

桌子上放着一块生日蛋糕,上面插着12根彩色生日蜡烛。等大家都坐好了,蜡烛点燃。王伟对大家说:"李强,先许个愿,然后吹蜡烛吧!"大家围近了桌子,李强闭着眼,双手合十,嘴里念念有词,随着"好"字出口,"呼"的一声,蜡烛应声而灭。大家拍着手,唱起了生日歌。

"来,切蛋糕,开可乐!"其中一位朋友说。正在大家吃蛋糕时，王伟打开了可乐瓶盖，并迅速用大拇指捂住了瓶口，又将瓶子上下摇晃了几下。这时，王伟的大拇指将瓶口放开了一条缝，突然一道水剑从缝隙中"吱"的一声喷了出来。水剑洒到了大家身上，有的湿了头发，有的湿了衣服，个个被搞得"狼狈不堪"。一时间，屋中乱作一团。

不知是谁问了一句："可乐为什么会喷出来呢？"

王伟说："我也不知道。我看到电视上，一些人遇到特别高兴的事就会这么干。今天，我是为了给大家助兴，可搞成了'恶作剧'，对不起。"

李强的妈妈笑着说："不说不动不热闹，没什么。"

李强说："妈妈，可乐为什么会喷出来呀？"

妈妈解释说："汽水瓶、啤酒瓶刚一打开也会产生这种现象，这是二氧化碳在作怪。二氧化碳在常温常压下溶于水的体积很小。而人们通过加压，使二氧化碳溶解于水中的体积增加。当压力减小时，二氧化碳就不安于现状，要从水中跑出。香槟、汽水、啤酒在加工过程中，把二氧化碳强压在了液体当中，并迅速密封了瓶盖。二氧化碳在里面太憋闷了，当打开瓶盖时，它们就急不可待地拼命从瓶中挣脱出来，要去空气中过自由的生活，于是瓶中就会有翻腾的气泡。

"刚才王伟摇了几下瓶子，二氧化碳们都被摇惊了，都想一下子冲出来，而出口只是一条缝，因此它们'喷出来'不就可以理解了吗？"大家听后都哈哈地笑了起来。

妈妈又说："下次可不许喷可乐闹着玩了。"

王伟不好意思地说："是！阿姨。"

妈妈说："继续上菜，好好地庆祝一下！"屋内又荡起了欢声笑语。

纯酒精为什么反而不能杀菌?

　　珊珊的妈妈一向精力充沛,下班后往往边做饭还边哼哼小曲。可今天妈妈回到家里却疲惫不堪,脸色蜡黄,说头疼得厉害,连饭也没吃便躺下了。

　　怎么办?外面黑洞洞的,爸爸出差不在家,看着缩成一团的妈妈,珊珊急得直掉眼泪。她刚给妈妈试过体温,39.1℃!她知道,如果不去医院,说不定妈妈的体温还会上升。

　　怎么办?珊珊想到了小姨。小姨在市医院工作,还是主治大夫呢,对,找小姨!

　　打完电话,不到 20 分钟,小姨就来了。

　　小姨看了看妈妈的嗓子,又用听诊器听了听她的胸部,神色缓和地说:"珊珊,放心吧。你妈感冒了,嗓子发炎,体温比较高,打一针睡一觉明天就会好了。不行的话,再去医院。"

　　珊珊听了,一块石头落了地:"小姨,家里有药,也有注射器,您现在就给我妈打一针吧。"说着,珊珊便把药和注射器都拿了出来。

"真是孝顺孩子，有医用酒精吗？"小姨边查看着边问。

"有酒精！"珊珊转眼之间又拿出一瓶酒精。小姨一看，笑着连声说："不行，不行，这是纯酒精，不能杀菌，用我带来的酒精棉球吧。"小姨不一会儿就给妈妈打完了针。

"小姨，纯酒精为什么不能杀菌呢？"珊珊把刚才疑惑不解的问题提了出来。

"珊珊，你知道吗？酒精的学名叫乙醇，纯酒精的浓度很大，它能使细菌表面的蛋白质凝固，形成一层硬膜，这层硬膜对细菌有保护作用，能阻止酒精进一步渗入……"

"原来是这样，我还以为纯酒精对细菌更有杀伤力呢？"珊珊恍然大悟，不等小姨说完，就插了嘴，"小姨，您这个小瓶里的酒精棉球为什么能消毒呢？那它一定不是纯酒精啦！"

"这个小瓶里的酒精棉球和医院用的酒精一样，大约含有75%的乙醇。酒精的浓度变稀了，稀酒精并不急于使细菌表面的蛋白质凝固，而是渗透到了细菌的身体里，然后把整个细菌体内的蛋白质全部凝固，细菌就会被消灭了。"

小姨边向珊珊解释着边收拾，麻利极了。

珊珊明白了。

"珊珊，今晚我不走了，陪你和我姐。"小姨说。

"好啊，小姨真好！"

酒精灭菌

纯酒精对病菌奈何不得。

若加上25%的水,情况就大不一样了……

花露水越陈越香吗？

燕燕最爱过夏天了，因为妈妈今年又给她买了好几条裙子，穿上多漂亮啊！可夏天也有使她烦恼的事：尽管她家住的是三楼，窗户上还有纱窗，但总有几只蚊子在周围嗡嗡。燕燕最怕蚊子叮了，因为被蚊子叮过，鼓起来的那一个个红红的疙瘩，肿肿的、痒痒的，钻心地难受。

"妈妈，你看！"一天，燕燕指着刚被蚊子叮起的疙瘩给妈妈看，"怎么办啊？"燕燕噘起了小嘴。

只见妈妈拿着一瓶花露水，笑着说："来，抹点。"

"妈妈，花露水买的时间太长了，还有香味吗？您再去买一瓶吧！"燕燕不肯用。

"燕燕，你知道这里面都有什么吗？"妈妈举着花露水问。

花露水，当然不会是花上的露水，哪有那么多露水呢？想到这里，燕燕摇了摇头。

妈妈说："它是香精、酒精和水的混合溶液。香精易溶于酒精，香精酒精这种混合溶液很容易挥发，所以香气就能很快

地扩散开。"

"妈妈，香精是什么制成的？"燕燕觉得挺有趣。

"花露水中所用的香精，是用多种香料混合而成的，这样香气醇厚持久……"

听到这里，燕燕插嘴说："酒精有杀菌效力，所以被蚊子叮了以后，用花露水可以杀菌、消肿、止痒。"

"对，不过花露水所用的酒精，浓度约为 70％ ~ 75％，这样容易渗入细菌内部，有最大杀菌效力，同时酒精里所溶解的一些香精也具有一定的杀菌作用。"

"那花露水时间长了，还香吗？"燕燕问。

"当然香啦！燕燕，花露水中所用的酒精与香精相互起作用以后，时间越长香精的香味越醇厚浓郁。另外由于日子

久了，部分酒精挥发了，香精越来越浓，所以，花露水越陈越香，这是有一定科学根据的。不信你抹点试试。"

"好的！"燕燕高兴地倒出点花露水抹在红肿的疙瘩上，果然，浓郁的香味顿时弥漫了整个屋子。燕燕使劲吸了几口香气，嘴里不住地说："好香啊，好香啊！"

忍者神龟的故乡为什么毁灭？

　　小朋友，你听说过一种植物就让一个国家灭亡的故事吗？这个奇怪的故事就发生在忍者神龟的故乡——南海。

　　相传，南海有一个集体修炼了千年的神龟王国，王国里有一个修炼了万年的龟龟国王，他管辖(xiá)着10万个水族臣民，国土之大是你不可想象的。

　　一天，机智勇敢的神龟巡警队来报：

　　国境线上有一股水分子群滚滚而来，于是神龟巡警前往问话："敢问贵分子尊姓大名，从何而来？"

　　只见其中一个分子趾高气扬地说："我们叫氯化钠，外号食盐，来自百里之外的化学纤维厂。敢问，您拦我们有何贵干？"

　　神龟巡警沉思地说："怪不得我觉得这一带的海水越来越咸，原来是你们弄的。奇怪，听说贵厂只生产人造丝，为何又跑出食盐来了？"

　　氯化钠如实相告："我们不只供人食用，而且还帮助人们

在工业上制造软水。自然界的淡水都含有钙镁等物质，这叫硬水，化纤工业必须用不含钙镁等物质的软水；另外，我们当中还有不同成分的硫酸、硫酸锌，他们都是我们的伙伴……"

神龟巡警队得此情报，速速来到王宫向龟龟国王呈报。此时国王老龟正躺在水晶床上打呼噜，醒来听了呈报，半睁着眼慢吞吞地说："海水里盐多一些好哇！我们海洋水族不就是在盐水中生活吗！至于什么硫酸，海国这么大，有一点儿没关系，何必大惊小怪。"说完又打起呼噜来……

神龟巡警们听龟龟国王这么说，满腹忧虑地从王宫退出来，继续巡逻。

就这样又过了好多天。这一天老龟王刚从梦中醒来，就听到神龟警探来报："报告大王，宫外红彤彤的，莫不是敌人的新式武器？待我前去打探一下。"

过了一会儿神龟警探来报："那是海上植物，名叫红色海藻，不知为什么，最近它们长得很快，百姓们都叫它们红潮。"

龟龟国王听说是植物，就松了一口气，说："是植物就没啥危险，说不定还能为我们供应粮食呢，我们水族不也是吃海中植物的吗？"

可是第二天，龟龟国王一觉醒来，就觉得呼吸困难，好像水中的空气快用完了。他看到宫殿外，红色水藻已经遍布在南海国的海水中，其中很多已经死了，死后的红藻会分解，把水中的氧气用完啦！

"呀！我太大意……"龟龟国王还没有说完，就窒息死去了。京城外的虾蟹臣民们也一个个因为没有空气闷死了。

那支机智勇敢的神龟巡警队等调查出真相，已被红色海藻隔离在国界线以外，无法冲进王宫救龟龟国王。神龟们只有忍受着亡国丧家的巨大悲痛，背井离乡，漂泊到海外去闯荡谋生。

几十年后，这支神龟巡警队出现在电视屏幕上，他们的名字叫忍者神龟——就是忍受着亡国之痛的神龟。

小朋友，一种植物真的能杀死这么多生命。忍者神龟们的调查报告中这样写着："人类把污水大量排放到海里，污水含有化学物质和营养物质，刺激红色藻类大量繁殖。它们死后分解，耗光了水中的氧气，使大量水中生物缺氧死亡……"

为什么煤气能使人中毒？

　　我叫一氧化碳，俗称煤气。一到冬天，各家生起炉火取暖时，我便活跃起来，因此闯了不少祸。前天夜间，我使一家3口人煤气中毒住进了医院。今天早晨，碳妈妈得知后大发雷霆，将我痛打一顿撵出了家门。现在，我无家可归了。

　　我四处溜达，忽然发现前面有一堆人，好像在看什么。走近一看，是告示，再一看，"警惕无形杀手——煤气"八个大字格外引人注目。哎哟，我的妈呀！看来，我要被送上法庭了，快悄悄地溜吧！不，看看告示到底写的什么吧。"入冬以来，不少居民家中生了炉火，煤气又开始作祟了。据不完全统计，入冬以来，已有12人煤气中毒，其中死亡1人，希望全体市民提高警惕并捉拿凶手！"

　　人们是否真正了解我致使他们中毒的科学道理呢？再往下瞧瞧有没有这方面的内容。噢，有！上面明确写道："煤气有时不务正业，专门与人体血液中的血红蛋白结合。众所周知，血红蛋白主要是携带氧的，而一氧化碳与血红蛋白结合的能力竟然比氧大 300 倍，而且结合后分离的速度极慢。人体一旦吸入了它，氧就失去了与血红蛋白结合的机会，从而使人体各部分缺氧，发生呼吸障碍。这时，就会产生头晕、眼花、恶心、呕吐、全身无力等症状，严重的甚至昏迷以至死亡。"

看来，人类已把我研究透了，如今又布下了捉拿我的天罗地网。我能上哪儿躲呢？还是投案自首吧，也许能得个宽大处理。可我自己不敢去，还是大着胆子回家求妈妈陪我去吧。

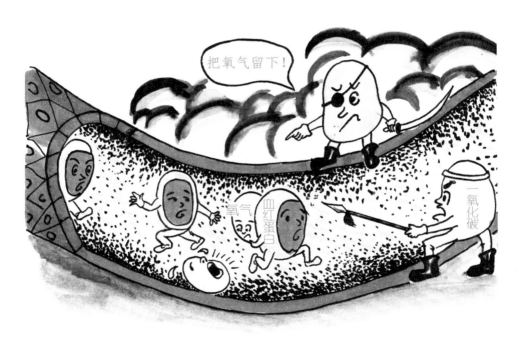

我胆战心惊地走回家，刚一进门，母亲就又往外赶我。我向她求饶："我以后再也不为非作歹了，我保证听您的话改邪归正。"经过我反复求饶，妈妈才宽恕了我。

妈妈说："你如果能把人们煤气中毒的原因及防止中毒的

办法告诉人们，我就陪你去法庭，并向法官求情。"

我听了高兴起来，我可以对人们这样说："我无色无味。易在炉火中氧气不足的情况下生成。生成后，有时想从烟囱里溜走，可是有时烟囱不畅通；有时想从窗户中逃掉，可是有时窗户紧闭着，于是我就大发脾气伤人了。人们只要保证炉子中有足够的氧气（空气），我就不会产生；即使有时产生了，只要保持室内空气流通，我也会散发出去，就不会伤人了。"

妈妈点了点头，说："你要把这些话讲给法官，表明你认罪的态度，并让法官给你一个机会告诉市民们。"我痛快地答应了。

这就是我——煤气的一段小故事。

煤气中的臭味有什么用处？

在一个家庭里有两位"仆人"：一位体态轻盈，散发着诱人的香气，另一位沉稳持重，浑身有一股臭味。前一位被称为芳香小妹，后一位被称作臭气大姐。芳香小妹住的是装修精致高雅的小房间，而臭气大姐常住在冰冷的管状长屋。二位仆人都深受主人的喜爱，可是这两位仆人却彼此不大友好，尤其是芳香小妹总那么盛气凌人，目无一切。

一次，两个人又拌起了嘴。芳香小妹说："我来到这个家总陪伴着小姐和太太出入舞厅，过得潇洒极了。可是没见你出过一次门，是不是怕人家说你臭啊！"

臭气大姐并不生气："人各有志，我生来不会炫耀自己，我时刻坚守岗位。如果有煤气管道漏气，我会跑到主人的鼻孔旁，提醒他注意安全以防煤气中毒。有时，我会报告给煤气报警器大哥，让他大声地呼唤主人保护自己的生命。我浑身是有些臭味不如你吃香，但是主人说我臭得可爱。有一次这家的小孩儿说煤气是没有味的，为什么在里面加些臭气呢？真讨厌。

科学王国里的故事

大人解释说不加臭气，有煤气泄漏你就不知道。要是煤气里加进去香气，让人闻起来舒服，那可就要闯祸了，煤气就要变成'糖衣炮弹'了。"

芳香小妹一听不高兴了："让我到煤气里去，整天锁在铁屋里，我才不去呢！"

臭气大姐说："你想来，还不要你呢！哈哈——"

　　一天，这家的煤气管道真的漏气了，臭气大姐赶紧跑出来，四处寻找主人。女主人一进厨房就闻到臭气大姐的臭味，于是赶紧打开了窗户，并急忙喊来男主人关掉了煤气管道的总阀门。

　　臭气大姐完成了自己的使命，回到自己的房间。再看看随女主人进来的芳香小妹，她早就吓得魂不附体。她用颤抖的声音对臭气大姐说："对不起，是我小看了你，关键时刻，你挺身而出，是主人的真正卫士。而我——"

　　臭气大姐说："你能给主人带来欢乐，我能给主人以安全，各有各的用处。"

　　芳香小妹说："今后，我们做个好朋友吧！"

　　"好！"臭气大姐高兴地说。

馒头为什么松软好吃？

　　馒头出锅了，白白的、松松的、软软的，受到人们的交口称赞。看到人们吃得那么津津有味，馒头非常得意。

　　这时，一直待在一旁冷眼观看的一个面团大声提醒他："喂，馒头，红花靠绿叶扶持，你之所以有今天是我帮了你的忙！"

　　"你？"馒头不屑一顾地捂着鼻子说，"丑陋的模样，酸酸的怪味儿，你是什么东西！"

　　"我是鲜酵母，如果不是我被放在面粉里面，你就不会这么松软好吃！"鲜酵母并不退缩。

　　馒头气鼓鼓地说："你瞎说，不用你，我照样有今天！"

　　鲜酵母理直气壮，毫不退让："可以有今天，但是不用我，你就得靠我哥哥——发酵粉来帮忙。如果没有我们，你蒸时多大，出锅时还多大，不会松松软软的，而是硬硬的，那就没人理你啦。不信，去问你妈妈！"

　　馒头委屈极了，气急败坏地跑到妈妈那里，把事情的原委一五一十地都跟妈妈说了。妈妈听了,笑着说:"鲜酵母的话是对的,咱可不能忘了他们呀!"

馒头听了,惊讶极了,简直不相信自己的耳朵,只听妈妈接着说:"我们又松又软,那是酵母菌帮了我们的忙。酵母菌随身带有好多'法宝'——酶,这些'法宝'会变戏法似的叫面团发生一连串的变化。首先是淀粉酶使淀粉变成糖,然后使糖生成二氧化碳。当我们在锅里时,这些二氧化碳气体受热膨胀,于是在我们身体里留下了许多小孔,同时还产生出少量的酒精和酯类等,因此,我们才会松软可口……"

听了妈妈的讲述,馒头的心情渐渐平静下来,他还有一个疑问,连忙说:"妈妈,鲜酵母和发酵粉有什么不同?"

"用鲜酵母来发酵,需要较长的时间,如果控制得不好,发酵过了头,食品就会带有一股令人不愉快的酸味或者口感不够松软,因此食品厂做饼干、蛋糕时,会往里面加入一些发酵粉,或是打入一些空气,同样能使食品中产生许多小气孔。"妈妈是那么耐心。

"妈妈,发酵粉是什么样子,为什么他们也能使食品产生小气孔呢?"馒头歪着胖胖的小脸,一个劲儿地问妈妈。

"孩子,发酵粉和面粉的样子差不多,也是白色的粉末。他有个怪脾气,就是耐不得热。他在 20℃ 以上就开始分解,在 35℃ 时分解大大加快,到了 60℃ ~ 70℃,他就剧烈分解而放出大量二氧化碳和氨气。在焙烘过程中,这些气体会'夺门'

而出，使食品留下一个个气孔……由于快速释放，氨气在成品里残留很少，不会在成品里尝出氨味。"

妈妈说到这里看到馒头的小脑袋低下去了，便关切地问："怎么啦，孩子？"馒头惭愧地说："妈妈，刚才我错怪了鲜酵母……"

"没关系，馒头，看到你那么受人们的欢迎，我们也打心眼儿里高兴。"不知什么时候，鲜酵母已经站在了馒头身边。馒头不好意思地笑了。

铅笔的铅芯是什么做的？

　　小朋友，你知道神笔马良的故事吗？神笔马良从小就爱画画，因为家里穷买不起笔，他向画馆的画师借一支笔。那画师是给财主大官们画画的，根本瞧不起马良，不但不借给马良，反而取笑他说："穷孩子还想学画画，休想！"

　　马良一心为穷人画画，没有笔他就用树枝在地上画，他画得可好了，他多想有一支笔啊！有一天晚上，他正想啊，想啊，突然眼前一道金光闪耀，来了一位白胡子神仙老爷爷，送给马良一支闪闪发光的神笔，马良用这神笔画什么东西，什么就变成真的、变成活的了……

　　后来，马良成了神笔仙子，他的那支神笔也活了一千九百九十九岁。今天，在故事中马良的家乡，已建起马良牌铅笔公司，笔的品种有上百种。

　　我们常用的铅笔分黑色铅笔和彩色铅笔，能画出粗细深浅、五颜六色的不同效果，其原因在于它们的笔芯各有不同。

　　比如，黑色系列铅芯，多是用黏土和石墨组成的。黏土色

浅而坚硬，石墨色深黑而滑软。铅芯黏土的成分比石墨多，黑色铅芯较硬，颜色较浅，又叫硬铅。硬度用字母 H 表示：如 6H 表示最硬。铅芯石墨的成分比黏土多，黑色铅芯较软，颜色较深，又叫作软铅，软度用字母 B 表示：如 6B 表示最软。平时书写用得最多的型号是 HB，涂答题卡一般用 2B 的型号。

另外，彩色铅笔系列的铅芯，是用各色颜料、油脂和蜡、滑石粉、黏结剂等制成的。变色铅芯是加入了易受光线影响和空气氧化的化学成分。特种铅芯是一种蜡油质铅芯。改正铅芯所含的化学成分能使写出来的笔芯粉末分解挥发而消失，替代橡皮改正的作用。

铅笔的学问

铅笔芯的软硬程度常用英文字母和阿拉伯数字表示，"B"表示软芯铅笔，"H"表示硬芯铅笔，"HB"表示软硬适中铅笔。石墨铅笔芯从最软到最硬依次是：6B、5B、4B、3B、2B、

B、HB、F、H、2H、3H、4H、5H、6H、7H、8H、9H、10H。笔芯软硬不同，用途也不同，我们平时写字只需 B、HB、H 的就行；2B～6B 用于画图；2H 以上多用于工程制图。

石墨

黏土

别看我叫铅，可我是金属元素。铅笔与我没关系。

铅笔

铁家兄弟的生锈病能治好吗？

铁哥哥和铁弟弟从小就得了一种病：一遇阴天下雨，身上就会生一层红褐色的铁锈，样子又难看，身体又难受。他们一直寻找着治病的药方。

一天晚上，他们做了一个同样的梦，梦里一位白胡子的老爷爷说，在遥远的西山上住着一位老神仙，他能治好铁家兄弟的生锈病。

第二天，兄弟二人就按梦中老爷爷的指点，来到西山。西山山高水深，林深石密。弟弟一看心中胆怯，拉着哥哥的手说："这山高水险的，恐怕等不到找到神仙，我们已经锈掉啦，咱们还是回去吧。"哥哥斩钉截铁地说："我们只要有一线希望就不能放过，弟弟，我们一定要坚持下去。"说完，拉着弟弟的手向山上走去。他们历尽千辛万苦，终于找到了老神仙。

原来老神仙正是梦中的白胡子老爷爷，他们非常高兴，一齐跪下求情："原来是您托梦指点我们，您一定有办法治好我们的病，快救救我们吧！"

　　"那好吧，"老神仙指着面前的火炉说，"这火炉上的锅里，煮着镍（niè）和铬（gè）两种金属的熔水，你们跳进去，和这些熔水一起煮沸熔合，直到我让你们出来再出来。这可是需要很大毅力的，你们能坚持住吗？"

镍　铬

　　"能！"铁哥哥说着，毫不犹豫地跳进锅里，顿时，觉得浑身奇热无比。他咬紧牙关坚持着，渐渐地，他觉得身体在慢慢地同镍和铬的熔液烧熔在一起。

　　铁弟弟看着沸腾的熔液，害怕了，但治病心切，他最终还是闭上眼跳了进去。呀，浑身又烫又疼，他"腾"地跳了出来，但身上已粘了一层镍和铬的熔液。身体渐渐冷下来，那层熔液变成一层亮闪闪的金属外衣。

老神仙一挥拂尘，熄灭炉火。铁哥哥觉得身体再次凝固，冷却下来，当听到老神仙说一声"出来吧"，他立刻跳出来，睁眼一看，自己浑身上下干干净净，感觉身体更加强壮。

铁弟弟见哥哥身上没有自己亮，便笑着说："哥哥，你受那么长时间罪，还不如我受一会儿罪，看我比你漂亮多啦！"

老神仙见铁弟弟不肯吃苦又骄傲，便说："铁弟弟，你现在只是在身体表面镀了层防锈的金属外衣，如果衣服破了，你还会生锈的。铁哥哥现在身体里已含有一些镍和12％以上的铬，已经成了不锈钢。"

铁弟弟听到这些话，心里很后悔，为自己意志薄弱和骄傲自大惭愧不已。

金刚石 是怎样形成的?

　　葫芦娃大战蝎子精，来到黑石山，不幸落入黑石洞里的墨石井。这墨石井是石墨大怪的嗓子眼儿，这黑石洞是石墨大怪的嘴巴，而黑石山正是石墨大怪的身躯。

　　说起石墨大怪，他是这黑石山下千年的石墨矿物沉积的精灵，他一不会动，二不会走，终年张着大嘴，静候着从此路过的生灵，不管谁落入他的口中，都会被吞进他的大肚子里。他的大肚子是石墨谷，里面伸手不见五指，四壁尽是又黑又软的石层。不管谁落入他的大肚子里，他都会施法术，将其变成一块又软又黑的石墨。

　　落入墨石井的葫芦娃，只觉得自己浑身在变软变黑，变成了一块石墨。但是每个葫芦娃都身怀绝技，此时身体虽软但心不软。只见他一张口，呼呼呼地喷出熊熊大火，在石墨大怪的肚子里烧了起来，直疼得石墨大怪"哎哎"叫。

　　渐渐地大火升到2000℃以上的高温，石墨大怪的痛呼声已震天动地。这下惊动了那个歹毒刁钻的蝎子精。蝎子精一看

葫芦娃还不停地喷火，便施法术搬来十座大山压在石墨大怪的山体上，这一来是给石墨大怪止痛，二来是为了压灭葫芦娃的心火。

可谁知葫芦娃的心火越喷越猛，石墨大怪肚里的温度越来越高，肚里的压力也越来越大。当压力增高到5万个大气压时，葫芦娃刚才那软软的石墨身子，连同整个石墨大怪肚子里的碳原子重新排列，只听"轰"的一声巨响，高温高压使葫芦娃从石墨大怪肚子里炸了出来，整个黑石山被炸了个粉碎，葫芦娃的整个身体由石墨变成了金刚石，全身晶晶闪亮，成了真正的金刚葫芦娃。石墨大怪被炸死了，整个黑石山犹如火山爆发，吓得蝎子精拔腿就逃，生怕被当作炭烧了。

这真是：

葫芦娃娃变石墨，
石墨变成金刚娃。
高温高压大爆炸，
好个金刚葫芦娃！

金刚石与石墨有何不同？

黑黝黝的石墨和亮闪闪的金刚石，虽有天壤之别，但它们却是同胞兄弟，都来自碳的家族。它们之所以有区别，在于它们的分子结构不同。在石墨分子中，它的碳原子是呈层状排列的，每层原子之间的结合力很小，很容易散开。金刚石的碳原子却是交错整齐地排列成立体结构，它们的结合非常牢固，因而金刚石特别坚硬。

石墨

石墨晶格

5万个大气压

2000℃

金刚石

金刚石晶格

礼服上的锡纽扣哪里去了

南极企鹅国要举行建国纪念大典，企鹅国王为此专程飞往非洲，参观鹿利大师的服装展示会。

企鹅国王选中了一件燕尾服，尤其是胸前的一排锡纽扣，亮光闪闪，精美别致，把黑礼服衬得更加高雅气派。企鹅国王立刻买下，鹿利大师马上将衣服装箱，命人空运到企鹅国。

纪念大典即将到来，企鹅国王命内务大臣打开衣箱，要试穿新衣。封条拆掉，新衣抖开，众人立时大惊失色。那亮光闪闪的锡纽扣哪里去了？企鹅国王岂能穿这乌秃秃的衣服，在大典上当众出丑？这分明是鹿利大师有意调包，损害企鹅国王威仪。

企鹅国王立刻上诉动物世界国际法庭，控告鹿利大师调包行为，有意损害国王形象。鹿利大师据理力争，并有众人证明，大师确实将原礼服装箱空运。双方各执一词，狮子法官难以定夺。

这时，化学家鹤博士走上前来，拿起礼服仔细察看，看见衣服前还有一些灰白粉末，便胸有成竹地说："请法官大人借我一个冰箱，一只锡盘，我可以证明鹿利大师无罪。"众人都惊奇地看着鹤博士。

冰箱推来了，只见鹤博士把锡盘放进去，将温度调到 -48℃。过了一会儿，打开冰箱，人们惊奇地看到：锡盘不见了，里面只有一堆灰色的粉末。

"咦，好好的锡盘怎么变成粉末了？"大家心怀疑问，望着鹤博士。

鹤博士看看大家，回答道："这是因为锡有两种晶体。在 13.2℃ 以上的温度时，锡就是亮闪闪的白锡晶体；在 13.2℃ 以下时，就会变成粉末状的灰锡晶体；温度越低，这种转变越快，在 -48℃ 时，一块白锡很快会变成一堆粉末。"

企鹅国王恍然大悟："怪不得我在非洲看到的银光闪闪的锡扣，到了企鹅国就不翼而飞了，原来是它们受不了南极寒冷的天气，早就变成锡粉了。鹿利大师对不起，我错怪你了，请原谅！"

鹿利大师连忙说："我若早些知道这些知识就好了。这样吧，我马上赶制同种样式的银制纽扣，让您赶上纪念大典。"

最后，企鹅国王穿上换了银制纽扣的礼服，参加了纪念大典。他高雅的衣着，尊贵的举止，受到万民的称颂。

铁家三兄弟都学到啥本领？

在十字路口，住着铁老爹一家。他有三个儿子：铁老大、铁老二和铁老三。

有一天，铁老爹把三个儿子叫到一起，说："你们都大了，应该学门手艺，明天就出发，三个月后回来见我。"

第二天，三个儿子出发了。铁老大向东走，来到高温炉家学艺；铁老二向西走，来到反射炉家学艺；铁老三向南走，来到炼钢炉家学艺。

很快，三个月过去了，铁家三兄弟回到家中。

铁老爹问老大："你这几个月都学到什么本事？"

铁老大拍拍胸脯，说："这几个月我在高温炉家学艺，吃了许多碳，看我现在这样黑，就是因为身体里含有1.7%以上的碳。我练就了硬而脆的功夫，并且改了名，以后就叫我'生铁'吧。"

"嗯！"铁老爹看着生铁坚实的样子满意地点点头。又转过头来问铁老二："老二，看你现在文质彬彬的模样，学成什么手艺啦？"

老二一欠身说："我这段时间在反射炉家练功夫，吃得可要比哥哥少多了。现在我身体里含有小于 0.2% 的碳，但我也因此练出了韧性，能锻打变形，我现在也改名了，叫'熟铁'。"

"嗯，两兄弟是一硬一韧，各有所长，都不错。"老爹满意地点点头，又关切地看着老三，问，"老三，你两个哥哥可都不错，想必你也没让我失望吧？"

铁老三身材挺拔，一拱拳道："我这几个月，到炼钢炉家学艺，功夫正好介于大哥二哥之间，我硬度大，韧性和延展性都很好。我吃的碳也介于大哥二哥之间，现在我也改名了，叫'钢'。"

"哈，哈，哈！"铁老爹高兴地看着三个儿子笑起来，"都是我的好孩子，我们铁家致富有望了。咱们家正处在十字路口，车来人往，赶集逛街都得有个落脚填肚子的地方，我早就想了，等你们三兄弟学艺回来，就开个饭馆，你们看好不好。"

三兄弟齐声说："好。"生铁说："嘿，正好让模子把我铸成锅，好煮肉。"熟铁说："我请大锤把我锻打成铁勺、铁铲，炒菜。"钢说："我请工人师傅轧压、切削，把我变成菜刀吧。"

好，说干就干。不几天，铁家门前就立起招牌。"铁家香饭庄"的饭菜香飘四方，受到了路人的称赞。

石油与橡胶能联姻吗?

　　一天，橡胶王国准备举行国庆大典，橡胶国王引来一群活泼可爱的少男少女，拜见开国元勋天然橡胶老爷爷。

　　天然橡胶老爷爷捋着长胡子问："这是谁家的孩子？这么可爱。"

　　橡胶国王笑哈哈地说："他们是石油国送来的孩子，也是我们橡胶国未来的希望。"

　　天然橡胶老爷爷皱皱眉头，不高兴地说："在橡胶王国里的那些孩子们才是国家的希望。"

　　国王说："这些孩子的到来，将成为橡胶国的生力军。"

　　天然橡胶老爷爷不解地问："怎么，他们也具有橡胶的性能？"

　　国王说："对，他们不仅有橡胶的性能，而且还有许多奇特的性能。一会儿，让这些孩子们给您汇报表演一下。"

　　天然橡胶老爷爷说："别急，刚才你说他们是石油国送来的孩子，石油怎么能变成橡胶？"

国王说："石油加工过程中排出的废气——石油气中，含有乙烯、丙烯、丁烯、丙烷（wán）、丁烷等，丁烯脱氢后也可制成丁二烯，丙烯、丁烯、丙烷、丁烷等可加工成乙烯或丁二烯，变废为宝，成了制造橡胶的丰富原材料。"

天然橡胶老爷爷说："我们是靠橡胶树一滴一滴地收集橡胶汁而制成的，原来他们是人造橡胶啊。"

这时，一个小伙子站出来恭恭敬敬地说："老爷爷，我和您的孙女爱爱小姐结婚后，被叫作'通用合成橡胶'。自从人造橡胶和天然橡胶联姻，通用合成橡胶的产量已经占人造橡胶首位。"

天然橡胶老爷爷脸上露出笑容："哟，原来我们已成了一家人啦，太好了！来，你们来个'八仙过海，各显其能'，让爷爷我开开眼界，长长见识。"

一个扎小辫儿的小姑娘欢快地跑过来，喊："老爷爷，我叫'丁腈（jīng）橡胶'，大家都叫我小丁腈，我是人们把石油气里的丙烯与丁二烯聚合而成的，我最大的优点是耐油。"说着她真的猛地一下扎进旁边放的汽油桶里，一会儿又跳出来，摇动着身子说："老爷爷你看，我还是那么苗条，一点儿也不虚胖。"

国王在一旁带头鼓掌说："就凭丁腈姑娘这一本领，别的橡胶就比不上。因为人们可以用她制造飞机油箱、耐油胶管等。"小丁腈高兴地一蹦老高。

接着，一个小伙子一翻跟头弹跳过来说："老爷爷，我叫'氯（lǜ）丁橡胶'，具有耐油、耐热、耐老化、耐溶剂、耐酸碱、耐曲挠等性能。"

一位姑娘早已身轻如燕地飞到老爷爷面前说："我叫'乙丙橡胶'，我比水还轻，价格最便宜，耐热，化学稳定性和电绝缘性能都很好。"

天然橡胶老爷爷说："你们真可爱！"

"还有我！"

"还有我呢！"

"我叫顺丁橡胶。"

"我叫异戊橡胶，也叫合成天然橡胶。"

说着，他们像鸟雀般跳到天然橡胶老爷爷身边。看着这群活泼可爱的少男少女，天然橡胶老爷爷高兴地站起来，抚摩着孩子们的头，连声说："太好了！太好了！我们橡胶王国真是人才辈出，大有希望啊！"

世界上所有的东西是由什么组成的？

吃过晚饭，小杰就坐到了爷爷的怀里。爷爷笑着说："小杰，听说你们期中考试了，你的数学得了多少分呀？"小杰把头一仰得意地说："数学100，满分。"爷爷笑着夸赞道："不错嘛！"

小杰听了心里美滋滋的。爷爷说："有一道题让你算一算，看能不能计算出来。"小杰蛮有把握地说："您出吧！"

"你说世界上有多少种东西呀？"

"那太多了，怎么能数得清呢？"

"确实数不清。今天我是借此让你了解世界上这许许多多的东西是由什么组成的。"

小杰急切地问："您快给我讲讲世界上这许多东西是由什么组成的吧！"

爷爷不慌不忙地说："人们分析了无数种各式各样的东西，发现它们都是由为数不多的一些最简单的物质，如碳、氢、氧、铁等组成的。这些最简单的物质叫作元素。到今天为止，

人们已发现的元素共有一百余种。是这一百余种元素组成了世界上千千万万种东西。"

小杰越听越入迷，他追问："这数目不多的元素，怎么能组成那么多东西呢？"

爷爷说："有的东西是一种元素组成的，例如氧气是由氧元素组成的，铁是由铁元素组成的。而有的东西就不止一种元素了，例如水，是由氧和氢两种元素组成的。一氧化碳和二氧化碳都是由氧和碳元素组成的。不同种类、不同数量的元素组合起来以后，就形成了数不清的复杂的物质。这犹如汉字的基本笔画点、横、竖、撇、捺（、、一、丨、丿、乀）等相互组合，能组成众多的汉字一样。小杰，你懂了吗？"

"爷爷，我知道了。"

爷爷接着说："以后上了中学、大学，老师会告诉你更多、更详细的有关这方面的知识。"小杰眨巴着眼睛，点着头。

组成物质的粒子

假如有这样一把刀，能把一个物体不停地切下去，那会怎么样呢？

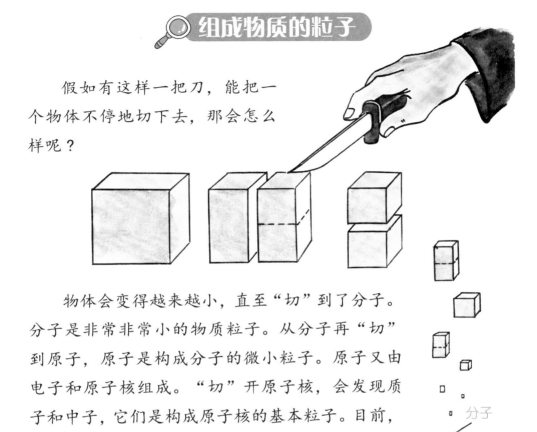

分子

物体会变得越来越小，直至"切"到了分子。分子是非常非常小的物质粒子。从分子再"切"到原子，原子是构成分子的微小粒子。原子又由电子和原子核组成。"切"开原子核，会发现质子和中子，它们是构成原子核的基本粒子。目前，科学家们还在不停地"切"着物质，力图找到更小的东西。

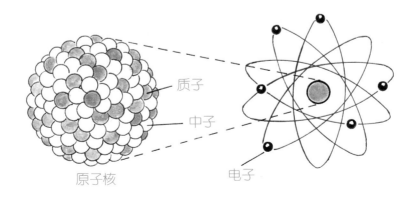

质子

中子

原子核

电子

怎样烧西红柿汤不酸?

　　会魔法的精灵一家真热闹。瞧，"精灵精灵真精灵，说变就变!"精灵爸爸变成一间大房子，精灵妈妈变成一块厚地毯，精灵晶晶、精灵木木、精灵露露、精灵火火、精灵兔兔几个孩子一起钻进了大房子，他们要举行一场别开生面的西红柿大赛。

　　精灵爸爸先发言了："请问各位小朋友，这里有个叫红西西的西红柿娃娃哭了，他不是要找妈妈，也不是要回家，他是要回他的老家，你们谁知道他的老家在哪儿?"

　　精灵木木说话了："我知道，他的老家就是他的故乡。"

　　精灵火火打断了精灵木木的话："我知道，西红柿红西西的故乡就是他的祖籍，他爸爸、爷爷的生长地。"

　　精灵兔兔接上了精灵火火的话："西红柿的祖籍在南美洲的秘鲁，他生长在森林里，只有狼才吃他，当地人管他叫'狼桃'，谁也不敢吃他，以为他有毒，只拿他当花来欣赏。"

　　精灵爸爸接着说："后来到了16世纪，一个叫俄罗达拉里的公爵在游玩中发现了他，带了几个回英国，种在皇家花园里，供贵族们观赏。"

精灵露露说话了："18 世纪，有位画家决心冒死吃'狼桃'，吃下一口觉得酸甜可口，但想到自己要被毒死，就静静地躺在床上等死。可是 12 个小时过去了，画家没有死。'西红柿好吃没有毒！'从此，西红柿的美味传遍了世界。"

精灵火火赶忙说："今天我来露一手，给大家烧一个西红柿汤。"于是他把水烧开，先放盐，后放西红柿，结果大家一尝，烧出的汤很酸。

"精灵精灵真精灵，说变就变！"精灵妈妈变了回来，这回轮到精灵妈妈来烧汤。精灵宝宝们都知道，精灵妈妈烧的西红柿汤不但不酸还很鲜，大家细细看，原来精灵妈妈先放西红柿后放盐……

小食盐别着急，应该让我先下去。

　　精灵爸爸给孩子们变出一本书，书上写着：烧西红柿汤，先放盐后放西红柿为什么酸？那是因为，西红柿含有对酸起缓解作用的蛋白质，蛋白质受热会凝固，先放盐会使蛋白质全部沉淀，失去了止酸作用，所以就格外酸。西红柿里含果胶元，果胶元遇热后若没有蛋白质来止酸，就溶化分解成有机酸，所以汤就会酸。"

　　"原来如此呀！"精灵宝宝们边喝汤边说。

漂白粉是怎样漂白和消毒的？

　　白雪公主越长越美丽，漂亮的继母王后越活越年轻；白雪公主的皮肤像雪一样洁白，继母王后的皮肤像玉一样白净；白雪公主的心越来越善良，继母王后的心越来越狠毒。王后恨白雪公主长得比自己美，便千方百计想害死美丽的白雪公主，于是就有了漂亮与美丽的相斗。

　　后母王后派人把白雪公主骗进大森林，她期待天黑以后，森林里的怪树会把白雪公主吓死。

　　白雪公主在大森林里玩迷了路，天黑了，她害怕极了，跑着跑着就没了力气，倒在草地上睡得迷迷糊糊。醒来后，她身边围了许多小动物，有小白兔、小松鼠、梅花鹿。

　　后来，小动物们把白雪公主带到一座漂亮的小木屋里。屋里的东西都是小小的，每样东西都有七份。原来，这是七个小矮人的住处。白雪公主把屋内打扫得干干净净，可口的饭菜烧得香香美美，七个小矮人回来一看就高高兴兴地吃饭，和白雪公主建立了深深的友谊。

这一天，狠毒的王后又照魔镜，从魔镜里看到白雪公主快乐的情景，王后简直气昏了头，又设法要害死白雪公主。

王后终于想出一条毒计，她派人潜入那间漂亮的小木屋，把所有的被褥衣服投入屋门口的水井中，再向井里投放了很多石灰（这样，谁喝了井里的水，谁就会被水里的石灰烧坏肠胃），又向井里放了一种黄绿色的毒气。王后想一下子毒死七个小矮人和白雪公主。

投毒人回去报告王后："照您的吩咐，已在他们的井里下毒……"

王后听了发出阵阵狞笑，心想：不出三天，我定能成为全国最美丽的女人。

三天过去了，王后赶紧来问魔镜，魔镜说："三天以前，白雪公主比你美丽一千倍，现在，白雪公主比你美丽一万倍。"

王后一听气炸了头："这怎么会？这怎么会？石灰放入井中他们喝了应该全烧坏肠胃，毒气放入井水，他们用有毒的井水洗衣洗被子，衣服被子就会沾上毒气，可如今石灰和毒气为什么会不起作用？"

愚蠢的王后自以为聪明，却不知道投毒的结果反而帮助了白雪公主：小木屋中所有人的被褥、衣服更洁白了，白雪公主和七个小矮人更洁白了，那一口井水也因此更清澈了。

原来，那石灰投入井水就变成了熟石灰，那种黄绿色的毒气叫氯气，而氯气一遇到熟石灰就发生了王后意想不到的化学反应，石灰和氯气结合起来，就变成了漂白粉。

　　漂白粉的主要成分是叫次氯酸钙的化学物质，空气中的二氧化碳、水以及水中的次氯酸钙发生反应，次氯酸钙立刻就会被分解变成次氯酸。次氯酸很不稳定，能放出初生态的氧，初生态氧稍一遇上色素就使衣物色素褪色，衣服也就被漂白了。这初生态氧能大量地杀死水中的细菌，于是对井水起到了消毒的作用，保护了白雪公主和小矮人的健康。

世界上有百分之百纯的物质吗?

　　"妈妈，我回来了。"小敏背着书包，一进门便对妈妈喊。妈妈正在炒菜，听到小敏的喊声，忙说："你回来得正好，快去买一袋盐，家里没有盐了。"

　　一会儿，小敏就把盐买回来了："妈妈，给。"

　　"好白的盐啊。过去，我们光吃黑粗盐，现在可吃上纯盐了。"妈妈顺口说。

　　"这不是纯盐，而是精盐！"小敏反驳道。

　　"你还真会咬文嚼字的。"妈妈瞪了一眼小敏。

　　"'纯'和'精'可不一样啊。'纯'是不含任何杂质，'精'是经过提炼的意思。"小敏认真地说。

　　"差不多呀！"妈妈也自知未说准确，故意地说。

　　"老师讲了，世界上没有百分之百纯粹的物质。'金无足赤'嘛！"

　　小敏自觉比妈妈略胜一筹，得意地卖弄起自己的学问来："妈妈，您说那自来水清亮吧，可那里面还含有不少杂质呢。

不信您看水烧过后，还留有水垢呢。蒸馏水干净多了吧，可还是含有杂质。"小敏津津乐道地述说着。

妈妈边炒菜边插了一句："那含有什么杂质呀？"

小敏愣住了，后来小声说："这我就不知道了。"

"那里面含有钠、铁、钙、镁等离子。"

"什么是'离子'？"

"'离子'就是很小很小的颗粒。"

"妈妈您都懂啊！"

"我大学毕业，难道连这点还不懂？"

"那您把'精盐'说成'纯盐'是故意的啦？"

"也不是，只是一时疏忽了。"

小敏不像开始时那么"威风"了，反倒问起妈妈来了："如果需要百分之百纯的物质怎么办？"

妈妈说："你先把暖瓶拿过来，我再给你说。"小敏送来了暖瓶，妈妈接着说："那就不好办了。我们只能提供超纯的物质。"

小敏问："什么叫'超纯'物质？"

妈妈说："超纯的物质的纯度要求达到 99.9999% 以上，通常就说是'6 个 9'以上。"

小敏若有所思地说："那可不容易了。"

妈妈说："提纯的能力和科学技术的水平是相联系的。随着科学技术水平的提高，现在已经能制造 9 个 9 的高纯物

质了。"

妈妈已做好饭菜："小敏搬桌子，准备吃饭。"

小敏边搬桌子边问："制造'纯'的化学物质的工业，叫什么工业？"

"叫化学试剂工业。这类工业企业根据需要生产不同纯度的化学试剂。这些试剂在食品工业、电子工业、国防工业等方面有着广泛的用途。例如，在医药工业中，一切化验和鉴定都是靠各种化学试剂来完成的。在半导体、电子技术和空间技术的发展中，各种高纯试剂更是关键的材料。"

"妈……"小敏还要问，妈妈没等她问下去，就打断了她的话。妈妈说："今天由一袋盐引出的问题，就到此为止，感兴趣的话，咱们有时间再一起读相关的书籍。现在咱们吃饭吧。"

"好吧！"小敏回答道。

橡胶为什么也带电?

　　天气一天天冷了，奶奶的老寒腿又疼起来。有时夜里疼得睡不着觉。看着瘦弱的奶奶，晶晶犯了愁，这怎么办呢?

　　一天，哥哥买来一种橡胶制成的热水袋，一通电，袋里的水就渐渐热起来了。晶晶好奇地问："哥哥，橡胶不是绝缘体吗，怎么还能导电?"

　　哥哥刮了一下晶晶的鼻子说："你学的那点知识，太少了!只知其一，不知其二。"

　　晶晶瞪了哥哥一眼，一撇嘴说："得啦，别卖乖啦!你那点学问，也未必知道。"

　　"什么?我不知道，我是中学化学科技小组的组长，不知道，我买这个干啥?"哥哥指了指热水袋。

　　晶晶拉住哥哥的手摇着说："好哥哥，你就给我讲讲吧!"

　　哥哥清了清嗓子，神秘地说："那我就先给你讲个故事吧!有一次，英国某煤矿发生爆炸事故，造成很大损失。事后查明，酿成这场大祸的原因，在于矿中带式运输机上的运输带。"

晶晶吃惊地问："运输带？这运输带是橡胶制作的吧！"

"对，由于这种运输带是用橡胶制作的，而橡胶不导电，在运转过程中和运输机摩擦，产生了静电火花，遇到瓦斯后就引起了爆炸。"哥哥说得有理有据，有声有色。

晶晶一听急了眼，马上想到橡胶做的热水袋，就追着问："哥哥，这热水袋通电，电着奶奶怎么办？爆炸了怎么办？"

哥哥一笑说："不会的。这种热水袋橡胶里加入导电填料，如'电炭黑'，就成了导电橡胶，它在使用中能清除静电，不会产生静电火花，所以不会出事故。"晶晶听后心里踏实多了。

奶奶使用热水袋，过了几天，腿不疼了，一家人高兴地笑了。

胶鞋为什么怕晒太阳?

　　雨过天晴，一双胶鞋被扔在地上。毒辣辣的太阳当空直晒，胶鞋感到一阵撕心裂肺般的疼痛，他埋怨主人不该经常把他放在太阳下晒，致使他发硬、变脆、开裂。胶鞋呼唤自己身体里的生胶、硫化剂、防老剂，要他们经受住严峻的考验，并马上召集紧急会议，商议对策。

　　紧急会上，生胶、硫化剂批评防老剂没起到应起的作用，没能有效地防止橡胶的老化。防老剂不服气，他批评硫化剂失职，说硫化剂的职责是使橡胶分子的线型结构变成网状的体型结构，提高橡胶的强度。可为什么橡胶分子的网状体型结构，现在却又变成线型的呢? 这不是失职吗?

　　硫化剂也不服气，他埋怨防老剂是废物，让胶鞋开了裂……他们吵个不停。这时只见紫外线钻出来，嘻嘻一笑说:"你们别扯皮了，是我钻进胶鞋，切断橡胶的分子链。"紫外线又晃晃脑袋说，"阳光的高热也助我一臂之力，使硫原子与生胶分离，破坏了他的分子结构。"胶鞋急了，大声喊:"紫

外线好你个捣蛋鬼！原来是你破坏了我的弹性和分子间的结合力，你太坏了！你多办点好事吧！"胶鞋气得浑身发硬，有气无力……

会议最后，生胶、硫化剂和防老剂被迫做出一项决议——向人类发出紧急呼吁：

亲爱的主人：

为了使您的胶鞋永葆青春，防止发硬、变脆、开裂，请您穿过胶鞋以后，要立刻把他洗净，放在阴凉通风的地方晾干，千万不要放在阳光下曝晒，或放在火炉旁烘烤。不然，吾命休矣！

您可怜的胶鞋

2020 年 6 月 1 日

橡皮变硬怎么办？

有一块橡皮变硬了，小主人生气地把他扔在一旁。橡皮心里非常难过，总是说自己老了不顶用了。

靠墙的煤油听到后，就对橡皮说："橡皮老哥，你不必难过，我可以帮你重新变软，焕发青春。"

橡皮低头一看，见是一瓶煤油，就问："你帮我？怎么个帮法？"

煤油说："橡皮老哥，你本来并不是黑色的，因为你身体里含有炭黑，就变黑了。"

橡皮忙说；"对，我身体里不光是含有橡胶，还含有炭黑、硫黄、增塑剂等。"

"这就好办了。"煤油荡了荡身子说，"如果你跳到我这里边来洗个澡，你就会吸收一部分油，原来你密致的身体结构，由于我的浸入，就会变得十分疏松，甚至膨胀起来。这样你就会返老还童。"

橡皮还在犹豫，煤油瓶顶了顶头上的粗大橡皮塞，喊他：

"勇敢点，快点跳进来！你看我头上的橡皮塞不是变软了吗！"

橡皮走近煤油瓶，拔下瓶塞一捏，果然是软的，就下定决心，一头扎进煤油里，痛痛快快地洗了个澡。

随后，橡皮又蹦出来，一摸身子，真的软了！他高兴得不知说什么好，激动地向煤油连连拱手说："太谢谢老弟了，这下小主人就不会把我扔到垃圾箱里啦，我又可以为小主人服务了。是你救了我，这叫我怎么感谢你呢？"

煤油赶紧还礼，对橡皮说："老哥呀，别客气。对你们橡胶家族，我也有对不住的地方，今后也请老哥多关照啊！"说着，他们友好地握了握手。分别时，橡皮还真有点儿恋恋不舍呢……

橡胶为什么有弹性？

秋天的稻田里，金灿灿的稻谷低垂着，它们对麻雀的侵犯显得一筹莫展。冬冬站在稻田边手持弹弓，气愤地用力一拉，石子呼啸飞出，一只麻雀腾空飞起，一群麻雀扑棱棱，叽叽喳喳地飞窜，仓皇逃走。冬冬非常喜欢爸爸用橡皮筋做成的弹弓，它能屈能伸，可刚可柔。只要冬冬一有空，他就来保护稻田。听爸爸说，小的时候，他就是拿着弹弓，弹无虚发，把麻雀打得伤痕累累，甚至丧命。现在，国家有规定，要保护野生鸟类，不能打死打伤，但是，吓唬吓唬总是可以的。冬冬也是弹无虚发，但是他总是打在麻雀的身边，足以令麻雀胆战心惊，使稻谷欢欣起舞了。

晚上，冬冬睡觉也要把弹弓放在枕头边，弹弓成了他亲密的战友。一天晚上，冬冬睡着了，忽然听见弹弓里喊："别挤了，别挤了，再挤，我受不了啦！"冬冬一惊醒来，拿起心爱的弹弓看了看，拉了拉，就再也听不到里边的喊声了。冬冬以为自己在做梦，就又躺下睡着了。这时他真的做起梦来，梦见

橡皮筋里挤着无数个小精灵，自称橡胶高分子，只见它们排成许多相同的分子小单位，手牵手地连成长链，互相挤来挤去，挤成一团。它们呼喊求救，让小主人拉一拉橡皮筋。冬冬用力一拉，这些小精灵就舒展开来，个个露出笑脸。可是拉力一松，它们就又哭丧着脸挤成一团。冬冬用力拉呀，拉呀……突然醒来，冬冬爬起就找弹弓，只见它还静静地躺在那里。

冬冬想啊想，后来他终于明白了：原来这个梦是要告诉他橡胶有弹性的原因。不拉它，橡胶分子蜷曲成一团，挤来挤去，一拉它，蜷曲的分子可以被拉长一些，就舒展开了。原来橡胶有弹性是这么个道理。冬冬再也睡不着了，他穿好衣服，一大早就走出家门，手持弹弓，去保护稻田了。

橡胶分子的自白

我们非常喜欢运动，所以总是散散漫漫的，排成的队伍也是弯弯曲曲的。当有外力抻拉我们时，我们被迫失去了自由，排成整整齐齐的队伍。但外力一消失，我们便又恢复了原来的形状，因而我们也就有了"弹性"。

什么是绿宝石？

——（一）破符取宝

　　唐僧师徒四人，去西天取经，途经一个山妖国。这山妖国有一条专吃人寿数的妖路，此妖路是百姓必经之道，小路像羊肠一样弯弯曲曲，两侧是高耸入云的断崖峭壁。山路由 100 名山妖把持，百姓们谁从此通过，就得被山妖们吃掉一生当中 5 年的时间。为此，百姓们称这条山路为食人性命的妖路，很少有人敢从这里通过。

　　师徒一行四处观望，只见路边尸骨连野，成群的乌鸦在头上盘旋，一片凄凉景象。此刻，唐僧忽觉寒气袭身，不由双手合十。沙僧叹道："此地好阴森，简直成了无人区。"猪八戒说："猴哥，我……我又饿了，此处荒无人烟，咱们到哪儿去化缘啊！"

　　孙悟空搭手远望，只见这吃人寿数的路又细又长，远无尽头，于是吩咐猪八戒和沙师弟照看好师傅，说声："师傅，徒儿化缘去了！"

　　孙悟空驾起筋斗云，转眼来到一座村落，此时百姓们正聚

在一处，商量如何降妖通路的计策。一位老者说："要想降妖通路，必先破百妖魔法。"

另一位老者说："要破百妖魔法，必先取镇妖之宝，这镇妖之宝现在被猫儿眼宝神的一道神符压在山崖底下，要想取宝，必先破符，要想破符，必先寻到猫儿眼宝神。那宝神的住地离这儿十万八千里，要寻他，谈何容易……"

听到这里，孙悟空心想："这好办，俺老孙一个跟头正好翻十万八千里，待俺去寻那猫儿眼宝神！"孙悟空运功作法，心想事成，只一个跟头，便来到猫儿眼宝神的住地。原来，这猫儿眼宝神就是古人传说的"猫儿眼"——一块碧绿透明的大宝石，他在深山修仙，得道成一位掌管"猫儿眼"家族的小神。

孙悟空大声喝道："好你个猫儿眼小神，还不快快出来！你胆敢作符镇宝，助妖害人，快快告诉我破符之法，方能免你一罪。"

猫儿眼宝神急忙出来回答："大圣息怒，小神不敢。因我猫儿眼家族亲友在人世已极为稀少，是世界五大珍贵高档宝石之一。古时候就有很多能工巧匠，只是用来制造珠宝首饰，而不知他还有更大的价值。小神奉玉帝之命，用神符保护我的家族，非聪明智慧之人，不能破符取宝。今日为救百姓另作别论，小神敬大圣一粒明智仙丹，到时定能破符。"

孙悟空服下仙丹，道别猫儿眼宝神，翻一个跟头便来到那镇宝的神符面前，只见符上写道：我家有青丝，绣出横山竖水；

我家有块玉，藏入宝盖压底；拿起笔来写，一横一撇一张嘴，含有珍贵元素——一半金属一半皮，其中有我家猫儿眼臣。

这一段好似难解的神符，原来是四个字谜，孙悟空生性灵敏，加之吃了仙丹，顿生聪慧，一语破中："青丝是'纟'，与横山竖水合成'绿'字；玉藏宝盖底是个'宝'字；一横一撇一张嘴是'石'字；一半金属一半皮合起来念'铍（pí）'，这铍字的希腊原文之意，就是'绿宝石'，有的绿宝石中国古代又叫'猫儿眼'，他自然属于猫儿眼宝神的家臣。所以，这神符的全部意思是：绿宝石（希腊原文意）= 铍，有的绿宝石叫"猫儿眼"。

悟空刚一猜破这神符谜语，只听"轰"的一声，山崖炸开，被神符护在山崖下的降妖之宝——一块绿色透明的宝石蹦了出来，瞬间变化成一个玲珑剔透的宝石小人。

小人说："多谢大圣拯救之恩，我绿宝石被压在山下真是生不如死，今日得以自由，造福人类。大圣，现妖路已通，妖法已破，您只管救百姓去，这里百名山妖，我自能降服！"这真是：

孙大圣破符取珍宝，
绿宝石小人去降妖。

绿宝石有哪些特性？
——（二）宝石降妖

　　孙大圣救出绿宝石小人，疏通山路。百姓得救后，设宴款待唐僧师徒，且不说它。单说绿宝石小人，身怀绝技，功力超群，降妖斗法之事：

　　这百名山妖，正在洞中畅饮"五年"灵酒，宴食"五年"人命，忽听"轰"的一声，众妖顿觉肝胆欲裂，天旋地转。原来呀，山妖们"吃人"的法术被孙悟空破了。山妖们便恼羞成怒，张牙舞爪吱吱哇哇地嚎着冲杀出来，恰巧碰上专来降服他们的克星——绿宝石小人。

　　山妖们吱吱哇哇："你是何方怪物，胆敢破我大法？"

　　听到山妖"吱哇"叫唤，绿宝石小人一摇身，把自己最主要的成分"铍"抖了出来，浑身顿时披上了钢灰色的铠甲，然后喝道："俺乃降你们的宝物，还不快快束手就擒！"

　　妖群中走出来一位黑脸大个，别名铁山妖，是此山的黑铁精。铁山妖说："你这小儿，敢跟我较量吗？"

　　铁山妖话音未落，绿宝石小人便飞出一脚，正踢中铁山妖的胸口。铁山妖"哎哟"一声，奋力反击，他使尽全身力气对准绿宝石小人的脑门儿就是一拳，可谁知绿宝石小人纵身一跳，飞上了断崖。铁山妖扑了个空，身子撞在石崖上，火星四溅，疼得他"哇哇"直叫。"好轻功！"众山妖们暗暗吃惊，今天八成是碰上对手了。那是肯定的，铍是一种体态轻盈的金属，他的密度每立方厘米才 1.85 克。

众妖如临大敌，集体发起绳索功，百条绳索顷刻织成铺天盖地的妖网，紧紧罩住了绿宝石小人。绿宝石小人动弹不得，被山妖们投进 1000℃ 的火炉中烘烧，山妖们想烧死绿宝石小人。可谁料绿宝石小人，在火炉里暖暖地睡了一觉（原来，"铍"的熔点是 1287℃，火炉温度是 1000℃，当然烧不化绿宝石小人）。

绿宝石小人从火炉中出来，打了个哈欠，抖抖精神，瞪圆

眼睛，迎着众山妖举起来的玻璃飞刀撞去。只听一阵"咝咝"声响，100把玻璃飞刀全被绿宝石小人的手指盖划了一道斜口子，哐当当哐当当，玻璃飞刀全断成两截。

众妖们看这招不行，又来一招，他们将整个山上的虎豹豺狼的嚎叫声音收集在一起，然后向绿宝石小人的耳朵里发射，想用最强的声波震死、吓死绿宝石小人。可谁知，绿宝石小人——铍——传播声音的能力极好，在金属中是最强的。只见那震耳欲聋、令人毛骨悚然的虎狼嚎叫声很轻松地通过绿宝石小人的耳朵，他并没有什么不适。

一招不灵，再来一招，众山妖集体发出火功。这火功与之前的火炉不同，它能发射原子射线，直射绿宝石小人的心脏。可绿宝石小人恰恰还有一种本领："氧化铍"能像镜子一样将原子射线反射回去。这一下可好了，100束原子射线，原路返回，全部反射到100名山妖的身上，直射得山妖们头晕眼花，众山妖害人终害己，一个个跪在地上求饶。

最后，绿宝石小人决定彻底消灭这些害人精，动用了自己的两个绝招儿。只见他摇身一变，把自己体内的铍与一块青铜合在一起，拧成了一条又长又细的"铍青铜"弹簧索，把100名山妖穿成一串，然后五花大绑。任山妖怎样挣扎，这"铍青铜"弹簧索弹性极好又百折不挠，像一个巨大的弹簧网，把众妖罩了个结结实实，使妖怪们只得高喊饶命。

第二个绝招儿是绿宝石小人体内的铍含有剧毒。只见他将全身的灰尘（铍尘）一抖，包围众山妖的空气中便充满了铍毒，100名山妖一个个地一命呜呼了。

百妖除了，百姓乐了，绿宝石小人，收回毒功，又变成可爱漂亮的透明小人了。他送别了唐僧师徒，告别了百姓，飞过山崖，飞上天空，飞过遥远的古代，飞到21世纪的今天。

今天，人们不但用绿宝石制作更精美的宝石首饰，还用他身上的"铍"制造飞机和火箭的外壳；用铍青铜制造游丝、弹簧，抻拉几亿次而不变形；把铍与铜、镍结合制成合金，撞击不出火花，做成特种工具凿子、刀片、锤子、钻头等，用来加工那些易燃易爆的物品。这真是：

小人施法降百妖，

绿宝石特性真奇妙。

珍珠为什么闪闪发光？

　　我——珍珠，被人们认为是无价之宝。你知道吗？我的名贵在于耀眼的光泽。那么，我为什么会闪闪发光呢？

　　我的外衣是一层光滑的胶质，被人们称为珍珠层。珍珠层中所含的各种成分称为珍珠质，珍珠质中含有固体和液体的微核，这些使光滑的珍珠层具有良好的抑光性能，有了它，在光线的照射下才能发出熠熠闪耀的珠光，显得晶莹可爱。

　　得到那么多人的爱慕与称赞，我觉得自己是世界上最幸福的了。可是，谁知烦恼竟悄悄袭来。由于珍珠质不是非常稳定，因此，我的寿命也是有限的。我们一般只能"活"一百多岁，青春期也就几十年。为什么呢？因为时间久了，我因为外衣——珍珠层里所含的水分会慢慢跑掉，而显得黯淡无光，最后，我就渐渐衰老变色，甚至干枯粉化。所以，我古代的老前辈们一般无法"活"到今天，多么令人遗憾啊！

　　大家都知道，我们这个家族长得都很漂亮，颜色各异，色彩夺目。大致可分为白色、黄色、淡蓝色和粉红色四种，当然，粉红色的珍珠最为名贵了。

　　人们因为喜欢我，总把我放在最显眼的地方做装饰品，其实你知道吗？我还是一种名贵的中药呢？我具有镇静安神，解毒生肌，清热坠痰和去翳明目等功效，所以珍珠是珍珠丸、六神丸、安宫牛黄丸、八宝眼药等中药成药的主要成分。

　　你看，我不仅外表美，心灵也美，让我们做个好朋友吧！

我的外衣是一层珍珠层，它非常光滑，而且能很好地反光。因而在光线下，我显得晶莹可爱。

宝石为什么绚丽多彩?

美丽的大森林里，有一个精灵村庄住着聪明伶俐的精灵们；森林外面住着一个坏魔法师，他养了一只黑乌鸦，他们总想破坏精灵们的快乐生活。

在精灵村庄的中心广场上，有一位浑身洁白透明的宝石姑娘，每当太阳出来的时候，她就反射出五彩斑斓的光芒，美丽极了。

这天早晨，精灵们被一阵阵"呜呜呜"的伤心哭声惊醒，大家推开门一看，呀！广场上的宝石姑娘站在阳光下，浑身却变得灰不溜丢的，往日那洁白透明，反射五彩斑斓的颜色，全没有了。这意外的情景使精灵们惊呆了，宝石姑娘怎么一夜之间浑身失去了颜色和光彩，变成一个脏兮兮的丑姑娘啦？

"呜呜呜"，宝石姑娘双手捂住脸，无比伤心地哭着，"不知怎么回事，昨天我全身还好好的，今早一醒来，全身就变成了这样……呜呜呜——"

宝石姑娘越哭越伤心，精灵们越看越着急。这时精灵爸爸想了个好主意："咱们大家马上动手，用绿叶把宝石姑娘盖好，免得她再看了伤心，其余的人，跟我回屋，去查一下咱们那本资料大书。"

结果，精灵爸爸从大书里找到这样一段话："宝石有多种颜色是因宝石内的金属含量不同所致。含多种金属跟含一种金属的颜色也不相同，如翠绿的玉石含有铜，鲜红的玛瑙石里含铁。太阳光看上去是白色，却由红、橙、黄、绿、蓝、靛、紫七种光谱色组成，当太阳照到宝石上，那些藏在宝石内的金属化合物，只吸收一种色光而把其余的色光反射出来，所以宝石身上就交替闪耀着太阳光谱的各种颜色，看上去绚丽多彩。另外，宝石内部的原子排列不一样，结晶内部的原子分布规律不一样，宝石所呈现的颜色也各有姿色……"

精灵爸爸看到这里，知道了取消宝石内的金属成分和打乱宝石内部原子排列分布的方法，能达到破坏宝石光泽的目的。于是，精灵爸爸又反过来找到了解破的科学方法，使宝石姑娘恢复了往日的风采。

望着宝石姑娘浑身绚丽的色彩，精灵们笑了。而宝石姑娘流下了感激的眼泪，那样子，更迷人了。

宝石能用泥巴来做吗？

　　传说在远古时期，女娲娘娘降临到凡世间，顿时世间的山川河流气象一新。女娲娘娘想，这世间应该有两个人做主人。于是，她顺手用黄泥巴捏出两个人来：一个是男人，身体健壮；一个是女人，美丽动人。男人非常喜欢女人，送给她一串泥项链。女人说："我想要戴上一串五光十色的宝石项链。"这下可难坏了那男人，他手捧着泥巴冥思苦想，浑身的力气不知往哪儿使。

　　这时，小龙人恰好回到远古来寻找妈妈。男人见到小龙人后苦苦哀求道："小龙人啊小龙人，请你帮我解决这个难题，这黄泥巴怎么才能变成灿灿发光的大宝石呢？"

　　小龙人见这男人遇到了难题，便仔细思考了一番说："这位大哥你别急。其实泥巴可以变成宝石，它们本来就是一家，都含有氧化铝。宝石是单晶体氧化铝，它的成分很纯。泥巴也含有氧化铝，只是它的成分很不纯。如果能找到氧化铝的好矿土，我一定能帮你把泥巴变成宝石。"

男人说："善良的小龙人，你从遥远的21世纪回来找妈妈，真是个孝顺的孩子。你妈妈是美丽无比的雪山神，她住在高高的大山上，让我带你去寻找她吧！"

他们走啊走，不知过了多少雪山，终于找到了雪山神。雪山神又现了人形，她见到自己的儿子，高兴得流下了泪水。

小龙人见了妈妈，亲昵地搂着她问这又问那，有说不完的心里话。"对了，妈妈您能帮我在这里找到一种高纯的氧化铝矿土吗？我要帮助一个男人。"

"当然可以，我的山下有的是富饶的矿土氧化铝……"

小龙人告别了慈爱的妈妈，用布包好挖出来的矿土，转眼飞回了21世纪，来到了人造宝石工厂。化学工程师从矿土中提取出纯净的氧化铝，为了使宝石更加色彩斑斓，他们又给它加入了不同成分的金属化合物。

就这样，纯氧化铝被送进单晶炉进行冶炼。在氢氧气加热下，氧化铝渐渐地被熔化，结晶出来一种单晶体。这单晶体就是泥巴变成的宝石。人造宝石五彩晶莹、玲珑剔透，真是美妙极了。

小龙人开心地带着那宝石项链飞回了远古。那男人接过了宝石项链欣喜若狂，亲手把它戴在女人的颈上，女人显得无比动人美丽。

人工宝石

　　如果在氧化铝粉中掺入微量的其他金属化合物，可以得到五光十色的宝石：掺入铬的化合物，可以得到红宝石；掺入氧化铁与氧化钛，可以得到蓝宝石；掺入氧化镍，可以得到黄宝石。

铝土　　氧化铝粉　　高温单晶炉　　氢　　氧　　耐高温托柱　　人工宝石

变色眼镜为什么能变色?

放暑假了，强强回外地的爷爷家度假。

这天，天气晴朗，艳阳高照。强强一出火车站，就看见叔叔在向自己招手，强强忙跑过去。坐进汽车，叔叔掏出一副黑亮亮的大墨镜戴上，一踩油门，风驰电掣般向前冲去。

汽车飞快地奔驰着。突然，强强眼前一暗，原来，他们正穿过一个地下通道。强强不禁担心起来，这里光线暗，车又多，叔叔还戴着大墨镜开车，多危险呀。他正想劝叔叔摘下墨镜，车已安全驶出通道。强强松了口气，不禁佩服起叔叔的车技来。

回到爷爷家，强强便报告："爷爷你知道吗？小叔开车可棒啦，他闭着眼开车都技术一流。"

爷爷很纳闷儿，小叔也很奇怪，问："强强，我什么时候闭着眼开车啦？"

强强说："我这是夸张，是说您戴着大墨镜，在昏暗的通道里也能开得很棒。"

叔叔一听乐了："原来你说我这眼镜呀，那你可被骗了！我这是变色镜，在阳光下是黑漆漆的墨镜，但在昏暗的通道里就变成透明的眼镜了。"

强强好奇地问："你的眼镜怎么能变色呢？"

叔叔说："因为我的眼镜片是用变色玻璃做的。"

强强问："变色玻璃是怎么做的？"

叔叔说："它的制法和普通玻璃一样，只是在普通的玻璃原料中，加入少量对光敏感的氯化银或溴化银，再加入极少的敏化剂而已。"

强强还有疑问："变色镜变成黑色的了，怎么还能变成透明的？"

叔叔说："那是因为玻璃里的氯化银经过光线照射，就变成氯原子和银原子；银原子可吸收可见光，会使玻璃颜色变黑；等光线不照射时，银原子和氯原子又重新结合在一起，生成无色的氯化银，使玻璃又变得透明。"

强强听后，歪头想一想说："如果我们的房子都安上变色玻璃窗，该多好哇！白天不怕阳光照，晚上还能坐在屋里看星星。"

爷爷和叔叔听了，都夸强强肯动脑，这个想法提得好。

变色的奥秘

　　含有溴化银（或氯化银）和微量氧化铜的玻璃是一种变色玻璃。当受到太阳光或紫外线的照射时，玻璃中的溴化银发生分解，产生银原子，银原子能吸引可见光。当银原子聚集到一定数量时，射在玻璃上的光大部分被吸收，原来无色透明的玻璃这时就会变成灰黑色。当把变色后的玻璃放到暗处时，在氧化铜的催化作用下，银原子和溴原子又会结合成溴化银，因为溴化银不吸收可见光，于是，玻璃又会变成无色透明。这就是变色玻璃变色的基本原理。

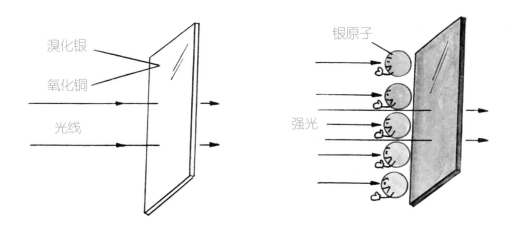

有机玻璃与玻璃是一家人吗？

一天，玻璃公主翠翠问妈妈："我们玻璃与有机玻璃那么相似，是一家人吗？"

妈妈说："你的父母是硅（guī）酸盐，有机玻璃的父母都是丙酮（tóng）、甲醇、硫酸和氰化氢，不是一家人。"

翠翠摇摇头说："有机玻璃有杂质，不好。"

妈妈说："翠翠，有机玻璃是人工合成的一种高分子聚合物，真名字叫作聚甲基丙烯酸甲酯。"

翠翠撇了撇嘴说："他们的名字可真别扭。另外，他们穿的红红绿绿太张扬。"

妈妈笑笑说："这是在它们的原料中加上了染料，成了五光十色的彩色有机玻璃。"

"天啊！他们还化妆。你看我一身翠绿多漂亮，这是自然美。"翠翠又撇撇嘴说，"它们尽在人面前卖弄，一会儿塑成玻璃棒，一会儿又变成玻璃管或玻璃板，讨厌死了。"

妈妈却夸奖说："这正是它们的优良性能，它们透明度好，晶莹剔透，热塑性良好，因此用途广泛，很惹人喜爱。"

翠翠说："我们透明度也好呀！"

妈妈说："我们的厚度超过15厘米，就变成一片翠绿，人们隔着我们就无法看清东西；有机玻璃透光性好，隔着1米厚，还能清晰地看清对面的东西。"

翠翠说："凭这点就牛气？"

妈妈认真地说："有机玻璃还有一个令人惊奇的性能，来，翠翠，我们到医院去看看，你就明白了。"

妈妈领着翠翠来到医院，看见医生在手术室里动手术，医生正从一条弯曲的有机玻璃棒里看什么。

翠翠问："妈，医生在看什么？"

妈妈说："这是医生通过弯曲的有机玻璃棒，观察病人体内的病情。"

翠翠好奇地问："光线也能拐弯？不可能吧。"

妈妈说："一条弯曲的有机玻璃棒，光线能沿着它，像水通过水管一样透射过来。"

翠翠拍起手来："哈，光线能走弯路多有趣！"

妈妈说："利用这个绝技，人们制成外科传光玻璃仪器，医生在动手术时，就不必担心看不清了。"

"哟嗬，有机玻璃这点还真行！妈妈你再说说有机玻璃还有什么特性？"

妈妈说："我给你讲个故事吧。一次，一架喷气式飞机

在云端飞行，突然遇到强大气流的压力，温度突变，飞机剧烈振动。人们正担心座舱的窗玻璃会破碎时，飞机却冲出强大气流，窗玻璃完好无损，这正是有机玻璃经受住了严峻的考验。"

翠翠听得入了神，她眨了眨眼说："妈妈，我明白了，你是说有机玻璃比我们轻巧，还坚韧，化学性能又极稳定，受热又有可塑性，所以它的用途非常广泛。"

玻璃妈妈激动地搂住玻璃公主翠翠说："乖孩子，你真聪明！"

有机玻璃

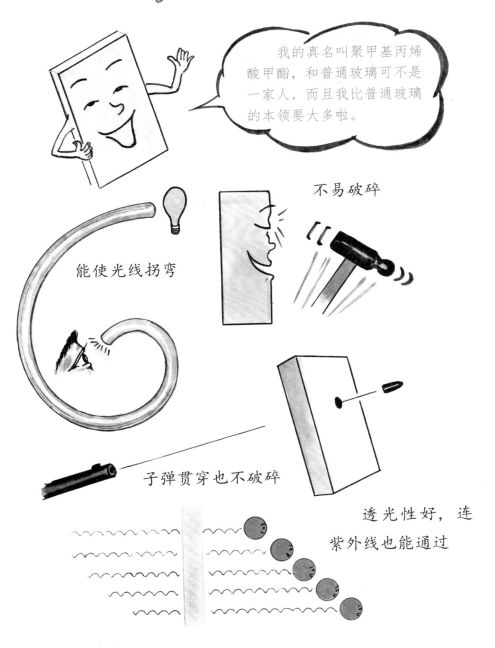

我的真名叫聚甲基丙烯酸甲酯，和普通玻璃可不是一家人，而且我比普通玻璃的本领要大多啦。

能使光线拐弯

不易破碎

子弹贯穿也不破碎

透光性好，连紫外线也能通过

天然大理石为什么五颜六色？

宁宁的家里装修了，地面用彩色的大理石铺成，真美啊！可是，宁宁心里并不美，因为他最头疼的化学考试又要降临！宁宁不喜欢化学课。

这天，爸爸问宁宁："儿子，这次考试有几分把握？"

宁宁想了想，挺起胸脯，认真地答道："爸爸，我有十分把握。"

爸爸听了很高兴。第二天爸爸买了一个汉白玉雕刻的奔马，洁白如洗，特别好看。爸爸说，如果宁宁考好了就把这个玉马奖给宁宁。

过了几天，考试卷发下来了，宁宁自然是没有考好，爸爸这一关怎么过？宁宁早想好了对策。

中午吃完饭，宁宁跟爸爸玩起了蒙眼写字的游戏，比比谁蒙上眼后字写得好。宁宁先把爸爸的眼睛蒙好，一边说："爸爸，你蒙上眼能写出自己的名字吗？"一边悄悄地把试卷拿出来。

爸爸自信地说："没问题！"接过宁宁递过来的考卷就要往上写，宁宁怕爸爸的名字签不到考卷角上，慌忙说："爸，名字要签在角上。"这句话引起了爸爸的警惕，爸爸的笑容顿时消失，迅速扯下蒙布，宁宁这张只有10分的考卷立刻暴露在爸爸锐利的目光下……

可想而知，爸爸大发雷霆："好小子，你才考了10分，还想蒙我签字！"

宁宁胆怯地说；"我说过，是有十分把握嘛！"

"你……"爸爸一气之下，不小心把那个汉白玉马摔了个粉碎。

"呜——"宁宁哭了，可宁宁的哭声突然停止了，因为门外响起了敲门声，是教化学的王老师来家访了。爸爸给王老师开了门，并把刚才的事告诉了王老师。宁宁心想：这下可完了。

谁知王老师却闭口不谈刚才"蒙眼签字"的事，而只对宁宁说："宁宁，你家的地面好漂亮啊！"没等宁宁回答，王老师接着又问，"你知道大理石为什么是五颜六色的吗？"

宁宁摇摇头，听王老师接着说："宁宁，你不喜欢化学，可化学知识并不单是枯燥的方程式。你看，脚下的大理石地面，有各种颜色。这块纯白的叫汉白玉，它的主要成分在化学上叫碳酸钙。天然大理石不是很纯净的碳酸钙，它含有很多杂质，比如含铜的就呈蓝色或绿色，含钴的就呈红色，含石墨的呈黑灰色。你看这摔碎的玉马，如果滴上一点儿盐酸，你知道

会发生什么现象吗？"

"不知道！"宁宁老实地回答。

"明天，我带你到实验室做个试验，你观察一下。"王老师提议道。

第二天，宁宁带着汉白玉碎马，和王老师一起来到实验室里。

王老师把盐酸滴在汉白玉马碎石片上，奇怪的事发生了，石片顿时化成了气泡。

王老师说："碳酸钙遇上盐酸就会发生化学反应，放出二氧化碳，一会儿石片就会溶解。明白了吗？"

"明白了！"

听了王老师一番话，宁宁心里想：原来我每天就脚踏着化学知识，我一定要踏着这知识的基石，一步一步把化学功课学好。

水是由什么组成的？

　　教化学的王老师有一个 12 岁的儿子，名叫王磊。今天是星期六，吃过晚饭后，王磊又要爸爸给他讲故事了。爸爸的目光落到了水杯上："我们就讲一个关于水的故事吧。" 王磊将脑袋一歪，右手托着下巴说："行，快讲吧！"

　　爸爸指着杯中的水问王磊："这水是由什么组成的？"

　　王磊不假思索地说："小水滴。"

　　爸爸又问："不错。小水滴又是由什么组成的呢？"

　　王磊想了想说："我不知道了。对了，是不是我常听您念叨的什么'分子'呀？"

　　"很对，很对。真不愧是化学老师的儿子！"爸爸稍停了一下又说，"这水分子中，还含有两种更小的'微粒'，它们分别是氢原子和氧原子。水就是由氢和氧组成的。来，到我工作室去，我给你做个小实验，你就相信了。"

　　王磊随爸爸来到了工作室。爸爸把水灌入一个 U 形试管里，在水里滴上硫酸，接着把干电池两个电极上的铜丝插进水

中。一个有趣的现象出现了：两个电极都有气体冒出来。爸爸分别把从阴极和阳极上冒出来的气体收集在两个试管中，又用火一点从阴极上收集的气体，结果有淡蓝色的火焰烧起来。

爸爸解释道："这气体就是氢气。"爸爸把一根将熄未熄的火柴投入从阳极收集起来的气体中，火柴立刻冒出了强光，火焰旺起来了。爸爸又解释道："这种气体就是氧气，氧气能助燃。"

爸爸做完试验后问王磊："你相信了吗？"

"我相信了。爸爸您真了不起。"

"不是我了不起，我还是跟别人学的呢。你知道吗？水是由氢和氧组成的这个结论，是经过前人的多次实验才得出来的。最早识破水的真面目的，是18世纪中叶英国化学家普里

斯特利。他采用的不是将水分子'拆开'的方法证明，而是让氢和氧'化合'。具体方法是把氢气和空气(利用的是空气中的氧气)混合在一起，然后点燃，这样一来，就发现有小水珠形成。这说明氢气在空气中燃烧(与氧气化合)后，就变成了水，也就证明了水是由氢和氧组成的。"

王磊有些惊奇了，他自言自语地说："水是氢和氧组成的，真有意思。"

水能变成燃料吗？

光明中学的崔鹏、张建、周军、丁浩走在放学的路上。他们天马行空地谈论着明星八卦、外交局势、新近剧集、前沿科技……

崔鹏说："最近我看了一本书，说将水变成油，用来开汽车。"

张建接着说："这个事早就有，听爸爸说，他们小的时候就有这种说法。水是取之不尽的，看来，不必担忧若干年后的能源危机了。"

周军提出了异议："别看传得那么热闹，不会是真的，水怎么能变成油呢？"周军略想了一下，说，"但是水能变成燃料倒有可能。因为水是由氢和氧组成的，氢能燃烧，氧能助燃。"

丁浩半日不语，这时，他开口了："说得容易，那水中的氢和氧就那么容易被分离出来呀！假如分离出来了，用氢气做燃料，那得多大的储气罐呀！是它拉汽车，还是汽车拉它呀？"

周军紧跟一句："不容易，不等于不可能。"

张建说："下午，咱们去问陈老师吧。"

下午，四个人来到了陈老师的办公室。崔鹏把争议的话题说给了陈老师。

陈老师笑着说："你们热爱科学的精神很可贵。我的知识有限，谈谈个人的看法吧。油的种类很多，它们的成分也很复杂。从水的组成元素来看，让它变成油是不可能的，但让水变成燃料是可能的。当代科技已能把水分解成氢燃料，用于汽车等。"

丁浩坐不住了，急问："那燃料箱得多大呀！"

陈老师接着说："从水中分解出氢，还要将它冷却

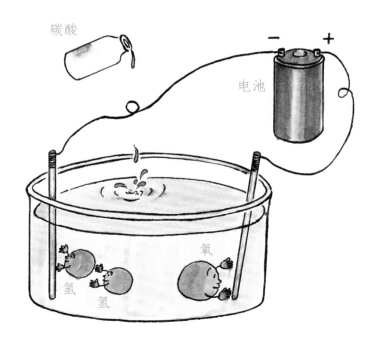

至 –240℃以下，并加以压力，使其变成液态氢。"这时，四人不约而同地"哦"了一声。"液态氢燃烧释放的能量几乎是汽油的三倍，而且能燃烧得十分干净——不会产生有害气体，确实是理想的燃料。"陈老师继续说着。

丁浩又问："那么现在怎么还没广泛应用呢？"

"这个问题提得好。水分解成氢和氧说起来容易，实际做起来却不容易！再说，用电解法制取氢气，用于工业燃料，价格太昂贵了，不够经济实用。"

崔鹏问："就没有低廉的能源使水变成廉价的燃料吗？"

"有，利用免费的太阳能。现在，化学家还找到了一种

电解法

能在太阳光下帮助水分解的催化剂。在水中加入这催化剂，再用阳光照射时，水就能在催化剂的作用下不断分解成氢气和氧气。"陈老师越说越兴奋了。丁浩很有兴致地说："前景辉煌！"

老师的话在同学们心中激荡着，他们好像在默念着："努力学习，迎接美好的未来！"

水壶里为什么总留有水垢?

　　我们班里有个"小百事通",他叫甄智。你看,他那儿又围了一堆人。

　　"甄智,我们家烧水的水壶里总生水垢,过一段时间,妈妈就得刮一次。有一次,妈妈还被壶口划破了手。你说自来水干干净净的,烧开后,从哪来的水垢呢?"这是王文同学在发问。

　　一个叫李玎的同学还没等甄智回答,就插嘴说:"我们家的水壶底也有厚厚的一层水垢,拎起来还挺重的,倒开水时也挺不顺畅的,烧开水用的时间也比新壶长了些。"

　　甄智打趣说:"这好办,别烧开水,喝凉水,就不用发愁水壶生水垢了。"大家哄的一声都笑了。王文并不在意:"别开玩笑了,快讲讲嘛!"

　　甄智扯了扯衣襟,摆出老师讲课的姿态,一本正经地说:"请同学们注意听。大自然里的水有两种,一种是含有碳酸氢钙、碳酸氢镁、硫酸钙、硫酸镁等杂质的水,如果杂质含量较大，这种水就叫硬水。一般的河水、井水、海水都含有这些物质，所以是硬水。含有少量这些物质的水，叫软水，如雨水。"

有一个同学突然插了一句："你哪儿来的这个'钙'，那个'镁'的词呀？"不知谁答了一句："人家看书学的呗！"

"别夸我，注意听。"甄智清了清嗓子接着说，"用硬水烧开水，温度一高，水里的碳酸氢钙和碳酸氢镁就会相应地分解，生成碳酸钙和碳酸镁，它们不溶于水沉淀下来，就形成了

我们是碳酸钙和碳酸镁！

硬水

我们是碳酸氢钙和碳酸氢镁，在热水中会分解。

水垢。"

王文逗趣地说："我明白了，谢谢甄老师！"大家又笑了。王文接着说："别笑，我还有问题呢。那烧暖气的水如果生了好多水垢，堵住了管道怎么办？"

有一名矮个儿男同学说："这好办。先把水烧开了，除去水垢，再灌入暖气锅炉里。"不少同学认为，这不可行，到哪儿去烧那么多开水呢？

甄智讲话了："软化硬水的方法很多。工厂里是在需要软化的硬水中放入软化剂。近年来，人们采用新方法软化水，如，让硬水通过离子交换树脂，硬水就被软化了。"

大家听了"小百事通"的一番话，都信服了，以后还是要多读书呀！

你知道什么是重水吗？

"咚咚咚！"

"谁呀？"申艳打开房门，"是丁维呀，快进来。你是来取书的吧？"

丁维说："对呀！"

申艳拿腔拿调地说："借书给你也不能太容易了。我得先考考你，答上来了立刻把书拿走，否则……"申艳没再说下去。

丁维借书心切，于是说："随你的便，考吧。"

申艳问："冰在多少摄氏度开始融化？"

丁维立即回答："0℃。"

申艳又问："所有的水结冰的融化点都一样吗？"

"那还有错！"丁维肯定地回答。

申艳笑起来："错了。重水结的冰在 3.81℃ 才融化呢！"

"没听说过。"丁维摸了摸脑袋。

"你没听说过的多着呢！"

丁维感到奇怪，忙问："这重水和普通的水有什么不

同呀？"

申艳说："从外表看，它们没有什么两样，都是没有颜色的、透明的、流动的液体。但是，你如果用这重水养鱼，鱼会肚皮朝天，老鼠喝了重水会很快蹬腿丧命。"

丁维觉得这重水可真有点儿与众不同，忙催促申艳继续讲："别停，快说下去！"

申艳说："别急呀！普通的水在100℃就沸腾了，而重水要在101.42℃才沸腾。"

申艳又停了下来。丁维迫不及待地问："哪有重水呀？"

"雪水、雨水、海水中都有。不过它们中的含量都较小，100吨水里大约含有17千克重水，在一些动植物体中，特别是一些矿物中含量较多。"

"那怎么获得重水呢？"

申艳说："那可不容易了。不过，这要采用电解的方法。普通的水被电解以后，再把电解液蒸馏，就能制成很纯的重水，因为重水不易被电解。制备重水需要耗掉大量的电能。"

丁维不明白制备重水这样不易，又这样费电，为什么还要制备它，于是问："重水有什么用途呢？"

申艳说："我不再讲了，咱们还是一块儿看书吧。"

申艳迅速地打开了书，书中赫然写道：重水在现代原子能反应堆里，是最好的减速剂。从重水中分解出的重氢——氘(dāo)，是未来的燃料。0.02克氘，在热核聚变时释放出的能量，大约等于 400 千克石油……"

丁维激动地说："真惊人啊！"

申艳说："多读点好书真长知识。"

丁维说："你说得很对。'一本新书像一艘船，带领我们从狭隘的地方，驶向生活的无限广阔的海洋。'这是凯勒说过的一句话。快给我拿书去吧！"

"好，我这就去拿你要看的书。"

普通水　　重水

味精的鲜味从哪儿来？

　　聪明的阿凡提，骑着可爱的小毛驴，来到了一个小镇。只见王府门口围着几个穷人在愁眉苦脸地议论什么。阿凡提走近一看，原来门墙上贴着一张布告，上面写着：王爷有令，令各村镇三天之内，选出十名最出色的厨师，前来王府烧一道菜，只准用白开水和盐，如果烧的味道不鲜不美，格杀勿论！

　　原来，围在这儿的正是各村镇挑选出来充当厨师的十位穷人，其中一个说："唉，王爷整天山珍海味，百姓整天白水野菜，咱穷人从没用鱼肉虾烧过菜，可现在，鱼肉虾不准用，只准用白水咸盐，连菜叶油星子都不让放，这怎么能烧出又鲜又美的味道呢？"

　　阿凡提听后轻轻一笑，拍着那个穷人的肩膀说："大家不用着急，我现在每人送你们一粒'盐'，等水烧开后只管放进锅里，保你们都能把这白开水烧得又鲜又美。不过，这之前得跟王爷讲个条件。"说着就带领厨师们走进王府去见王爷。

　　阿凡提说："王爷，如果厨师们真能把白开水烧得又鲜又美，你能答应我一个条件吗？"

王爷蛮横气盛地说："什么条件你说吧！"

阿凡提说："到时候，如果真能烧出鲜美的白开水，你就得把他们今天烧的水全喝下去，而且要开仓放粮，分给百姓。"

王爷心想：开水加盐，光咸不鲜，量这些穷鬼也没那个本事。于是就满口答应并立下了文书。

结果，厨师们按阿凡提说的，把那粒"盐"同王府里的盐一起，悄悄地放入开水中，果然烧出了又鲜又美的白水清汤。这下王爷傻眼了，开仓放了粮不说，自己还咕咚咚一气喝了十名厨师烧的白水鲜汤，撑得胖王爷"唉哟唉哟"直叫，肚子整整胀痛了十天，这十天夜里，他尿了多少尿。

其实，阿凡提分给穷厨师们的不是盐粒，而是味精，味精是一种谷氨酸的钠盐。味精同食盐在一起水解，让汤水更加鲜美。这正是阿凡提的聪明之处啊！

味精是从蛋白质中分解出来的

　　许多蛋白质都含有谷氨酸，大多数蛋白质都是由 20 多种氨基酸组成的。谷氨酸本身没有鲜味，只有用盐酸等化学物质使蛋白质解体，才能把氨基酸解放出来，谷氨酸制成钠盐，才能显出鲜味来，人们叫它味精。现在工厂都是用淀粉作原料来生产味精。玉米是味精企业的首选原料。

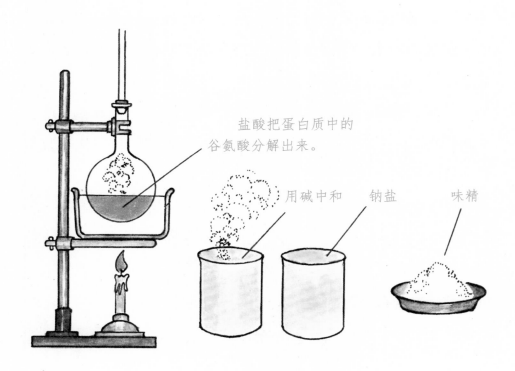

盐酸把蛋白质中的谷氨酸分解出来。

用碱中和　　钠盐　　味精

做鱼为什么放酒?

　　星期日早晨，像往常一样，圆圆和爸爸、妈妈一起到姥姥家去。刚到姥姥家，就听到厨房里有响动。圆圆跑到厨房一看，盆里游动着三条大鲤鱼。只见它们鼓动着鳃，甩动着尾巴，盆里的水不时地溅到地上。

　　"爸爸! 看，活鲤鱼! "圆圆大声叫着。

　　"圆圆，今天舅舅露一手，给你做顿鱼吃! "一个声音传了过来。

　　圆圆循声望去，一向忙得不可开交的舅舅今天难得这么轻松，比他们一家来得还早，此时，正在屋里收拾报纸。嘿，舅舅可是他们家的一级厨师。圆圆连蹦带跳地跑进屋，搂住舅舅的脖子，自告奋勇地说: "舅舅，我来帮厨! "

　　说干就干，舅舅真利索，一会儿工夫，就把鱼收拾干净了。

　　"舅舅，鱼的味道好腥呀! "圆圆边剥蒜边往凉台上躲。

　　舅舅边往锅里倒油边吩咐圆圆: "圆圆，把酒准备好，一会儿往锅里倒点酒，就没腥味了。"

一会儿，屋里弥漫着鱼的香味。"嘿，出锅喽！"舅舅把满满的一盘鱼摆到圆桌上，"圆圆，你先品尝一下咱俩的杰作！"舅舅说完又忙着去准备再做几道菜。

圆圆小心翼翼地夹了一口鱼肉放到嘴里，哇，好香啊！"舅舅，色、香、味俱佳，100分！"圆圆说着高高地扬起胳膊，伸出大拇指。

"舅舅，我想请教您一个问题，您说酒为什么能解鱼腥呢？"趁舅舅洗菜的工夫，圆圆急忙跑去问个究竟。

舅舅说："鱼闻起来腥，是因为鱼含有三甲胺，三甲胺有两个哥哥——甲胺是大哥哥，二甲胺是二哥哥，他们都是臭气熏天的家伙。"舅舅洗完黄瓜，又把西红柿放进水里，接着说，

"三甲胺藏在鱼的肉里，人们很难赶走它。但是酒里含有酒精，酒精能很好地溶解三甲胺，这样，就把三甲胺从鱼肉里'揪'出来，烧鱼时温度高，酒精、三甲胺都很容易挥发，所以，不一会儿，鱼的腥味就被除掉了。"

听了舅舅的话，圆圆高兴极了。今天，他又增长了见识。原来生活中到处都有学问！

烤鸭烧肉上的红色是什么？

　　有这么一条售卖美食的街道，叫国际街。国际街上不但有爱德华、克莱德曼、迪斯尼等快餐店，还有一位活跃在各家店里的漂亮小姐，她的名字叫"红曲"。

　　红曲小姐是国际街著名的"美容师"，她的美容生意做得非常红火，每天从早到晚，有许多"先生""小姐"慕名而来，满意而去。比如意大利的红肠先生，法国的烤鸭太太，加利福尼亚的芳香鸡小姐，俄罗斯的烧肉夫人，都经常到红曲小姐开的红曲美容院。每次做完美容，大家都爱照镜子。呀！一看，镜子里的自己都年轻了，更美了，原来那苍白的脸个个都变得红润了，艳丽了。还有许多不知哪国来的"顾客"，什么红玫瑰酒大叔，豆腐乳大嫂也来凑凑热闹。他们常趁红曲小姐忙得不注意时，悄悄偷来红曲"胭脂"，把自己涂了个浑身通红，对镜子一照，简直红得羞死人了！

　　红曲小姐本是出生在红曲霉微生物的色素"人士"（人们常把这种含有色素的微生物材料叫作红曲。她是一种鲜红不易

褪色且没有毒性的食用色素)，她的出生很有一番故事。

当年，她的"妈妈"还是一位又白又温柔的大米"姑娘"，被"爱情"蒸熟以后，瘫倒在门窗紧闭的"闺房"内。当大米"姑娘"正在发"烧"的时候，红曲小姐的"爸爸"，红曲"种子"就悄悄溜进"闺房"，播下了"爱情之火"。为了使红曲姑娘长得更好看，还要常常喷一点儿水，保持潮湿。

就这样一天一天过去了。大约过了一个多星期，大米"姑娘"的身体上已布满了红曲菌，红曲菌又分泌出很多桃红色的色素，大米"姑娘"已被染成通体透红的"红娘子"。此时"闺房"大开，红红的大米"姑娘"就躺在太阳底下晒太阳，等晒

得干干的，再被压成细细的粉末。我们漂亮的红曲"小姐"——食物染料的色素原料就长大成人了，长成大姑娘了。

后来红曲小姐用自己的粉末，制成了红曲"胭脂"、红曲"面膜"，专为许多酒肉食品们着色打扮，她成了一名很了不起的美容师。

再后来，人类采用菌种选择的方法，用液体深层发酵罐来生产红曲色素，红曲小姐就更红更美了。

白糖是红糖变的吗？

　　"丽丽，走，跟姑姑去买些白糖、红糖，然后咱们再去菜市场。""好的。"丽丽穿好外衣就跟着姑姑向副食店走去。

　　副食店里，熙熙攘攘，只见售货员热情地招待着顾客。买好白糖和红糖，姑姑和丽丽向菜市场走去。

　　路上，丽丽问姑姑："姑姑，糖是什么做的？"

　　"甘蔗和甜菜呀！"姑姑把额前一绺散落的头发向上拢了拢。

　　"那为什么又有红糖、白糖之分呢？"

　　姑姑笑起来："丽丽跟你爸一样，对什么都感兴趣。甘蔗汁和甜菜液被蒸发后，会得到含有很多杂质的红棕色的糖，这就是红糖。"

　　"姑姑，那白糖呢？"丽丽问。

　　"白糖是从红糖里提炼出来的。"姑姑答道。

　　听到这里，丽丽惊讶极了："从红糖里怎么提炼？"

　　"奇怪吧？"姑姑笑吟吟地问，丽丽使劲点了点头。

姑姑接着说："工人们把活性炭放进红糖水里搅拌后再过滤，这样，红糖水就成了无色澄清的溶液。然后经过加热蒸干，析出来的就是白糖了。"

"姑姑，活性炭的威力真大！"丽丽赞叹道。

"可不是！活性炭威力确实不小。它身上都是些洞洞，表面积很大，这样就能吸附别的东西。红糖水里的色素物质又大又重，一下就被活性炭一一抓住了。然后经过过滤，除去活性炭，滤液就没色了，这样红糖就变成白糖了！"

丽丽听了，情不自禁地叫起来："啊，真奇妙！"

水果糖里的水果味是从哪里来的?

　　快过春节了，李月月和陆贝贝跟爸爸妈妈高高兴兴地置办年货。最让他们高兴的是两家都买了许多味道各异、包装精美的奶糖和水果糖。

　　为了保护牙齿，糖是不能多吃的，于是他们商定把自己最喜欢的糖凑在一起，开一场小小的"糖展览会"。

　　决心已定，那"展览会"的地点选在哪儿呢? 李月月想起大街上有许多集贸市场，多么敞亮啊! 于是征得陆贝贝的同意，把"糖展览会"的地点确定在楼梯口前面的小道上。这样过往的爷爷、奶奶、叔叔、阿姨和小朋友都可以光临。

　　地点选好了，两个人立即布置。陆贝贝从家里拿来一块硬纸板，硬纸板上又铺了一块妈妈新买的台布。李月月把写着"糖展览会"的字条贴在旁边的墙上。彩纸包着的花花绿绿的糖在阳光的照耀下闪闪发光，美丽极了。

　　参观者络绎不绝，大家都赞不绝口。张爷爷和李奶奶还从家里拿来几种包装新颖的糖，展品又增多了。月月和贝贝真

高兴。

"贝贝，月月，你们知道这些水果糖为什么有的是苹果味，有的是香蕉味，有的是菠萝味，有的是杏仁味吗？"张爷爷指着糖问贝贝和月月。

"当然是在糖里加了苹果、香蕉、菠萝、杏仁啦！"月月不假思索地说。

张爷爷听了哈哈大笑起来，笑得月月和贝贝丈二和尚摸不着头脑："快去问你王奶奶，她退休前还是糖厂的厂长呢！"

真的，真看不出，整天乐呵呵的王奶奶曾是一厂之长。月月和贝贝争先恐后地向王奶奶家跑去。

知道了他们的来意，王奶奶笑眯眯地说："孩子们，制造水果糖时，只是在糖里加了一些具有各种水果味的香精，在糖厂，你根本看不到水果的影子。"

啊？月月和贝贝惊讶极了，各种水果糖的香味和真的水果味完全一样，香精怎么这么神？王奶奶好像看出了他们的心思，接着说："奇怪吧！你们知道吗？各种水果具有独特的不同的香味，是因为水果中易挥发的芳香物质不断散逸到空气中来，我们就闻到了水果香味。于是，人们用人工合成的方法仿造具有芳香物质的香料。这些香料有的具有苹果的香味，有的具有香蕉的香味，有的具有菠萝的香味。把这些香料加入糖里，就制造出具有不同香味的糖了。怎么样？奶奶讲清楚了吗？"

月月和贝贝简直听得入了迷，真看不出来，王奶奶有这么多学问。

"贝贝，咱们走吧，别打扰王奶奶了。"月月拉了贝贝一把。贝贝这才想起该向王奶奶道谢。

"谢谢王奶奶！"月月和贝贝真是高兴极了，没想到小小的"糖展览会"竟使他们得到这么多知识，你说，他们怎能不高兴呢！

什么使糖果具有颜色？

　　自从月月和贝贝知道王奶奶曾是糖厂厂长后，有关糖方面的问题就都去请教王奶奶，王奶奶总是不厌其烦地给他们讲解。

　　这天，月月和贝贝又遇到了问题。月月指着几块黄色、红色、绿色的糖问贝贝："你说这是什么染的？"

　　"当然是染料！"贝贝胸有成竹。

　　"染料对人体不是有害吗？"月月说。

　　"啊，对！那是什么染的？"贝贝习惯地摸着脑袋，

　　"月月，咱们还是去找厂长奶奶吧！"

　　王奶奶靠着沙发，戴着老花镜正在织毛衣，王奶奶不仅织得快，毛衣的花样还挺漂亮。听了他们的问题，王奶奶放下毛衣，摘下老花镜，耐心地对他们说："糖果用的是无毒的食用色素，不是染料。"

　　"奶奶，无毒的食用色素是哪里来的？"月月又问道。

　　"听奶奶讲啊，最早使用的食用色素是直接从动、植物

体中提取的，这叫天然色素。向大自然直接索取天然的食用色素，非常麻烦，产量又不高，是无法满足需要的；况且天然色素受不了高温，既怕酸和碱，又怕氧化。"

"那怎么办呢？"月月和贝贝真有些担心，异口同声地问奶奶。

"别急，孩子们，还是人类有办法。"王奶奶接着说，"人们又制造了人工合成的食用色素，这种色素具备对人身体无害、能溶于水和油类、耐高温、不容易氧化等条件，才算是合格的。"

"奶奶，这就是说，现在人们除了使用天然色素，还使用合成色素，对吗？"贝贝忽闪着大眼睛问王奶奶。

王奶奶笑着说："对，对！人工合成的食用色素，人吃了一般不能消化，没什么营养价值，只是使食物色和味都美，增进人们的食欲罢了。"

月月忽然又想起了什么："王奶奶，合成的食用色素是用什么制造出来的？"

"又黑又臭的煤焦油啊，染棉布用的染料也是用煤焦油制造出来的，看来，它们还是一母同胞呢。世界真奇妙！"王奶奶风趣地说。

月月和贝贝都被王奶奶的话逗笑了，可不是，又黑又臭的煤焦油还有这么多用处，真看不出呢！

月月和贝贝从日常生活中得到了那么多知识，他们真高兴。

奶为什么不透明？

　　水说："我清澈透明，我最美！"奶粉说："我洁白温柔，我最美！""我美！""我美！""我比你美！"双方争执不休。

　　化学家说："如果把你们合成一体，该谁最美？"奶粉说："我跟他合不到一块儿去，我身上有油，油水不合嘛！"水说："哼！我能跟他合吗？他那油滴到我身上，那个油乎乎的圆圈圈准会漂在我水面上，弄得我清清的水面活像长了一块大痣，难看死了！""你才难看！""就比你好看，气死你！"水和奶粉又争吵起来。

　　化学家说："好啦，别吵啦！其实你们都很美，你们俩也能合到一块儿，只有合到一块儿，才更美。"水和奶粉你看看我，我看看你，谁也不说话。

　　化学家说："你奶粉里含有酪（lào）素，形成奶油，奶油粉末状颗粒上，包着一层乳化剂，像塑料薄膜一样，与其他的奶油颗粒互相隔离，互不接触，不会在水中像香油那样集结成大滴。所以，奶粉一旦放入水中，无数奶油颗粒就会在水中

光线穿过纯净的水。

加入牛奶。

光线在奶水前碰了壁。

奶水

迅速扩散，细小的奶油颗粒会把照过来的光线全部反射回去，呈现白蒙蒙的颜色，像一团白雾，像一片轻纱，形成一杯纯洁的、温柔的、富有朦胧美的奶。"

接着，化学家就如法炮制，把水和奶粉按比例混合在一起，于是这对小伙伴不打不相识，成了形影不离的好朋友，这好朋友的名字叫奶。

奶，保持了水的纯净，奶粉的洁白和温柔，看上去还有一种轻纱白雾般的朦胧美。

生石灰加冷水也能煮熟鸡蛋吗？

　　小阳家正盖新房，一大早，人们都来帮工，一家人跑东跑西，忙得不可开交。

　　时间过了7点，小阳要去上学，因学校离家较远，早饭还没做好，他就催着妈妈要吃的。妈妈说："早饭就别吃了，你没见家里忙，饿一顿不要紧。"小阳不高兴，嚷嚷着说："饿着肚子，怎么上学？我不去了！"

　　正在石灰池旁加水的爸爸听到后，喊："小阳，到屋里拿几个鸡蛋来，我给你煮几个吃！"小阳一听说给自己煮鸡蛋吃，就一溜小跑，很快拿来四个鸡蛋。

　　爸爸接过鸡蛋，小心地把它们放进石灰池中，接着又注入冷水。小阳见爸爸用长长的钢棒在石灰池中一搅拌，池中刚注入的冷水竟然和煮沸的开水一样，扑腾扑腾地冒起了热气。不一会儿，爸爸取出四个鸡蛋，用冷水冲干净，递给小阳。小阳剥开皮一看，鸡蛋真的熟了！他闪动着大眼睛问："爸爸，怎么生石灰加冷水也能煮熟鸡蛋？"

爸爸一边搅拌，一边说："等你上了中学，化学课上老师会告诉你这个道理。" 小阳是个好学的孩子，碰到问题，打破砂锅问到底，于是又缠着爸爸追问。

爸爸说："告诉你吧，这生石灰的化学成分主要是氧化钙。氧化钙没遇到水时很安分，可一遇到水，它就不老实了，它要把水全夺过来，吸收到自己的身体里。"爸爸看了小刚一眼，一边注水，一边又说，"生石灰吸收水就起了化学变化，生成熟石灰（氢氧化钙），同时放出大量热能，把冷水煮开了，鸡蛋也就煮熟了。"

小阳冲爸爸一笑说："爸爸还真行。"爸爸乐哈哈地说："我也是看书学的。" 小阳吃完鸡蛋，向爸爸说声再见，就高高兴兴地上学去了。

塑料王国旅游记（一）

——为什么塑料有的硬，有的软，有的像海绵一样有小孔？

　　星期天，爸爸要带胖胖去塑料王国爬山。胖胖起得很早，背上塑料壶，骑上塑料自行车，跟爸爸一起来到渡船码头。他们要爬的山在河对面。

　　码头上车水马龙，人声鼎沸。买好了船票，胖胖跟爸爸登上了一艘漂亮的红色浮船，一进船舱，码头上的噪音仿佛一下子消失了。浮船像一条大鱼在河面上游动，一会儿就远离了码头。胖胖发现浮船像海绵一样有许多小孔，就问爸爸："怎么这浮船像海绵一样有小孔？"

　　爸爸说："这是泡沫塑料制作的浮船，是工人叔叔加工聚氯乙烯塑料时加入发泡剂制成的。它弹性十足，轻巧无比，又能防弹隔音。"

　　胖胖非常高兴，他跑出船舱，走上船头，放眼望去，两岸春草嫩绿，百花盛开，红彤彤的太阳照着河面，胖胖情不自禁地吟起诗来："日出江花红胜火，春来江水绿如蓝。"过了一会儿，不知不觉地浮船已经靠了岸。

胖胖父子上了岸看到路旁有一片菜田，菜田里还盖着塑料薄膜呢。农民伯伯告诉他，盖塑料薄膜是为了让蔬菜早日成熟。胖胖问爸爸塑料薄膜为什么又软又薄，爸爸告诉他那是工人叔叔从石油气里分解出乙烯气，再加工成聚氯乙烯，它既轻又坚韧，还耐晒、耐水，把它做成薄膜，可以建造育苗的温室。

他们又路过一个集市，看到市场上有塑料花、塑料盒、塑料盘、塑料碗、塑料盆，还有塑料的小椅子和塑料水桶，各式各样的塑料玩具，汇成一片彩色的海洋。

他们来到一座大山下，买了一根拐杖，以便登山，拿起来一看，原来也是塑料的。他们一步步向上攀登。

天慢慢地黑了，他们在半山的宾馆里住宿，从电视上看到航天飞机，看到了天空壮丽的情景。科学家说，飞机上还有不

少塑料零件呢!

第二天一早,胖胖父子继续登山,终于爬上了山顶。朝下一看,弯弯曲曲的河流好像银白色的飘带。山下的大楼房,就像一个个火柴盒……真美啊!

下山时,他们坐塑料缆车下了山。胖胖看着五彩缤纷的缆车不愿离开,拉着爸爸的手问塑料缆车为什么这么牢固坚硬,又五彩缤纷! 爸爸告诉他:那是氨基塑料(电玉)制成的,这类热固性塑料,受热软化,再加热,塑料里的分子由线状结构逐渐变成紧密的网状立体结构,因此能制成牢固的硬性塑料。

胖胖拍拍小手高兴地说:"这趟塑料王国之行,我可收获不小。这不,我知道了为什么塑料有的软、有的硬,有的像海绵有许多小孔,真是大长见识!"

父子二人又坐浮船来到河对岸,骑上塑料自行车。胖胖回家途中又说又笑,蹬着车撒欢儿。

塑料王国 旅游记（二）
——人造革是什么做的？

又是一个星期天，胖胖跟爸爸去逛塑料王国人造革商场。他们坐上公共汽车，胖胖发现：车里的"皮"椅子，乘客们提的"皮"箱、"皮"包、"皮"旅行袋，穿的"皮"夹克、"皮"鞋，都是人造革做的。

胖胖问爸爸："人造革是用什么做的？"

爸爸告诉他："用来制造人造革的塑料，主要是聚氯乙烯。这种塑料本来是很硬的，加入一些油状的'增塑剂'之后，可以使聚氯乙烯变软，制成人造革。"

这时，传来报站的声音："人造革商场到啦！"

人们下了车，处边不知道什么时候起了风，风里夹着雨雪，气温急剧下降。胖胖一溜小跑："呀，好大一座'蒙古包'！"走进"蒙古包"，胖胖一下子暖和起来，只见这个蒙古包是由两层人造革中间夹一层泡沫塑料围成的，既能防风防雨，又能保暖。胖胖想，蒙古族牧民住上这样的"蒙古包"多好啊！

他走过去摸摸漂亮的裱墙纸和书籍封面，回头问："爸爸，这商场的墙上裱的也是人造革！"

爸爸笑笑说："对，这是人们把聚氯乙烯塑料涂在纸上，制成的塑料裱墙纸，它漂亮、耐用，脏了还可以用布擦或用水冲，十分方便。"

他们走向聚氯乙烯人造革柜台，柜台上有带各种花纹图案的人造革书包，还有"皮"夹克，"皮"坐垫，各种型号的"皮"鞋，有的是用较厚实的软质聚氯乙烯塑料做的，叫"无布人造革"，有的是背面有布的"布基人造革"，还有用泡沫人造革制成的。这些人造革制品比皮革物美价廉，还没有臭味，而且光滑柔软，耐磨结实。

　　胖胖买了个漂亮的书包，背在身上；又买了双"皮"鞋穿上，一蹦三跳地跑出商场。一不小心，胖胖摔了一跤，因为刚下过雨，鞋浸了水，书包也脏了。胖胖气得蹲在那里直掉眼泪，爸爸赶紧掏出自己的手帕擦干了"皮"鞋，又用自来水冲洗了书包，一下子书包、"皮"鞋又恢复了原来的风采。胖胖一看，高兴了，又穿上皮鞋，背上书包，拉起爸爸的手回家去。

　　回到家里一进门就喊："妈妈，你看我买了什么！"

　　妈妈走出来一看："呵，我们的胖胖好精神哟！"妈妈笑了，爸爸笑了，胖胖也甜甜地笑了。

塑料王国旅游记（三）

——为什么聚四氟乙烯塑料被称为"塑料王"？

胖胖听老师讲，有一种塑料被称为"塑料王"。星期天，胖胖请求爸爸再跟他去趟塑料王国，领略一下"塑料王"的风貌。

父子二人坐公共汽车进入塑料王国，在一座冷冻厂门前下了车。爸爸用手指着厂里堆积如山的设备说："这就是用塑料王——聚四氟乙烯制造的低温设备。由于聚四氟乙烯塑料耐低温，又不怕高温，从 –268℃到 260℃都可以应用，所以用来生产及贮藏液态空气。"胖胖听着爸爸的讲解，心里佩服："塑料王"真是了不起。

他们又坐车来到化工厂，胖胖看到化工厂里到处堆放着大罐子、管子、板子，就问这些做什么用？爸爸说："塑料王非常耐腐蚀，甚至王水对它也无可奈何。这是工人叔叔用它制造的耐腐蚀的反应罐、蓄电池壳、管子、过滤板。"胖胖来了精神，又拉着爸爸参观了电器厂，看见工人叔叔正在金属裸线上包东西。爸爸说："这是在金属线上包 15 微米厚的塑料王，它能使电线彼此绝缘。另外，也可以用它制造雷达、高频通信器材、短波器材等。"

胖胖父子来到食品厂，工人们正忙着在碾子、模子、锅上涂一层"漆"。爸爸说这是工人叔叔在涂塑料王，它表面光滑，对任何东西黏合力很小，涂上它，面团、糖浆就不会粘在锅上了。

他们来到一所医院，看到了用塑料王制造的人工骨骼、软骨与外科器械。

回家的路上，胖胖竖起大拇指说："聚四氟乙烯塑料真棒！它性质优良，用途广泛，真不愧为'塑料王'！"

审判投毒案

——用塑料袋装食品有毒吗？

　　天蒙蒙亮，塑料城的法庭门口，挤得水泄不通，人们一大早就来参加开庭，审判一起投毒案。8点钟光景，审判长夹着一只黑亮的公文包，出现在法庭门前的台阶上。陪审员是个大个子，他摇着铃铛在前面开道，后边还跟着法医、书记员、律师等。门一开，大家一起入厅，依次坐好。

　　过了一会儿，审判长宣布开庭，他欠着身子在陪审员身边嘀咕了几句，大个子点点头，朝门外大声喊道："带被告——"

　　只见全副武装的警察，从侧厅将被告押上。大家定神一看，哟，原来是利民食品店的刘老板和个体食品摊点的王老二。

　　审判长说："刘老板、王老二，你们知道自己犯了什么罪吗？"说着示意法医拿出一袋食品说，"你们经营的食品有毒，人们买了你们的食品造成两人中毒死亡，你们认罪吗？"

　　刘老板大声说："我的食品和食品袋是从食品公司进的货，里边没毒。"刘老板的律师也站起来辩护："据我调查，食品公司的塑料食品袋是用聚乙烯薄膜制成的，是无毒的。这种聚乙烯不掺杂其他物质。"

审判长派人到刘老板食品店去化验。王老二的律师也提议审判长派人去王老二家化验。时间不长，派出化验的人回来汇报二人的食品都没毒。这时，大厅里议论纷纷，都觉得奇怪。双方律师建议审判长化验装食品的塑料食品袋。

经化验鉴定：刘老板选用的食品袋确实是密度低、质地软的聚乙烯聚合制品，不含毒，而王老二用的食品袋里却掺杂稳定剂、增塑剂及甲醛。这种稳定剂和增塑剂多半有毒，尤其是以甲醛合成的塑料含剧毒，在常温以上，甲醛会溶解到食品中去，吃了会致人死亡。

案情大白了，原来王老二装食品的塑料袋是从市场上随便买来的，他受到了应有的惩罚——罚款、判刑。

最后审判长代表法庭宣布：除了标明是食品塑料袋，或者完全有把握所用的塑料袋是单纯的聚乙烯或尼龙制成的外，千万不要拿任何塑料袋来盛放食品，尤其不能用装过农药或化工原料的塑料袋来装食品，否则按投毒判罪。

塑料袋的鉴别

聚乙烯塑料袋和聚氯乙烯塑料袋，一般难以区分。用燃烧的办法，能简便地鉴别出来：

石蜡味

聚乙烯能燃烧，火焰是蓝色的，上端呈黄色。蜡烛的主要成分为石蜡，聚乙烯燃烧时散发出跟蜡烛燃烧时一样的石蜡气味。

盐酸味

盐酸

聚氯乙烯极难燃烧，火焰呈黄色，边缘呈绿色，并发出刺鼻的气味。

塑料也能电镀吗?

在一家商店的纽扣专柜里，黑黑和光光正在说悄悄话。黑黑对光光说："看你多神气! 人们都喜欢你，夸你美观轻巧，闪光闪亮，却冷落了我。"

光光亲昵地说："黑黑姐，咱们都是一家人，只不过人们将金属电镀到我身上，给我穿了一件闪闪发光的外衣。"

"什么，你和我是一家人? 我不信。"黑黑惊讶地说。

光光说："黑黑姐，是真的。我的身体也是塑料制成的，人们叫它 ABS 塑料（分子中含有丙烯腈、丁二烯、苯乙烯三种组分的热塑性塑料）。"

黑黑转着黑眼珠说："不对，不对。我们塑料是绝缘体，经不起高温，怎么会电镀? 你分明是金属制品，还来骗我，都怪老板把你们放在这里羞辱我们。"

光光急得什么似的，真想脱下外衣，让黑黑看个真切。他用诚挚的目光看着黑黑说："黑黑姐，我这么轻巧怎么会是金属。老实告诉你吧，我确实是塑料，是人们在我身上放了铬（gè）酸，使我的表面受腐蚀，产生很多微孔，人们又将氯化亚锡、硝酸银和硫酸铜等沉积到我身上的微孔内，使我身上有了一层能导电的金属膜。"光光换了一口气，接着说，"我身上有了这种导电层之后，人们再用电镀的方法，将镍铬等金属涂敷到我身上，我就成了现在这个样子。"

黑黑高兴地拉起了光光的手说："光光弟弟，你真好！你不仅外观漂亮，而且心眼儿也好，怪不得大家都喜欢你，连我也喜欢上你了。"

氯化亚锡

镍铬

硫酸铜

硝酸银

一匙盐为什么能使一锅汤变咸?

　　有一个小科学迷叫周通，他的小书架上放着许多有关科学方面的少年儿童读物，如《黑洞密码》《科学王国里的故事》《十万个为什么》等等，同学们常听他讲这方面的小故事。在家里，周通经常向父母问出这样或那样的为什么。

　　今天的面汤做咸了些，他问："烧汤时放上一匙盐，为什么整锅汤会变咸。"

　　爸爸说："盐溶化了，汤就有咸味儿了呗！"

　　周通又歪着头问："那么一匙盐，能分布那么大范围吗？"

　　爸爸愣了，小声嘀咕道："也是的，为什么呢？——你还是去问书本或老师吧！"

　　吃过晚饭，周通真的翻起书本来了。可翻了半天，他也没有找到答案，却被书中的一个小故事迷住了：

　　德国有位著名的有机化学家名叫费雪，有一个时期，费雪专门从事各种荧光染料的研究。一天，费雪到一个浴池去洗澡。没一会儿，他听见几个人在埋怨澡堂的水太脏了，都成了

黄绿色的了。后来，费雪发现是自己的头发上沾了些实验室里的荧光黄染料，原来是这点微不足道的染料把整个浴池的水弄成黄绿色了。他感到很不好意思。书中分析说，这一点点染料，却包含着亿万个分子，染料一溶解，这些荧光黄分子和离子就遍布整个浴池了。

周通一气看完，觉得这和一匙盐放到汤里，能使一锅汤变咸很相似。为了得到确切答案，他决定明天去和老师求证。

第二天一大早，他就来到了学校，正好遇见了教科学课的刘老师。他把昨天的一切告诉了老师。老师抚摩着他的头夸赞道："小科学迷，真是名副其实呀！"刘老师停了一下说，"你的理解是正确的。可溶的物质溶解在溶剂里以后，它们的分子或离子逐渐扩散，会均匀地分布在溶剂里。可溶的物质虽不大，可分布范围却能很广。盐放到汤里，实际上是溶解到了水里，亿万个小小的分子或离子，就会遍布汤的各个部分，所以，整锅汤就是咸的了。"

"这样，我就全明白了。谢谢刘老师！"

"不谢。我就喜欢这样的学生。"

周通心满意足地去上课了。放学后，他还要把这些知识告诉爸爸呢！

有味道是因为分子的运动

一匙盐能使一锅汤变咸，这是因为盐溶解散布在整锅水中；晾着的湿衣服不久就干了，各种气味散布于空气中；别人家炒菜的香味，远远地被邻居闻到，这些都是分子运动的缘故。分子处于不停的运动中。

狗嗅到黄鼠狼放屁的臭味，也是因为黄鼠狼臭屁气体中的分子散布于空气中。

钢化玻璃是怎样制成的?

　　这年天旱，寺里没了粮食，师傅派胖和尚去化缘。胖和尚带着瘦和尚，托着钵盂来到杂货店。

　　杂货店老板见两个和尚有求于己，心想："不能这么容易就把粮食给他们，我得捉弄他们一下。"便说，"师傅们到我的店里化缘，是我的荣幸，不过只给你们这一小钵盂米，我有些过意不去。这样吧，明天你带口米缸来，我给你盛得满满的，再抬回去。"

　　胖和尚很高兴，说："多谢老板，我们今天先回去了。"杂货店老板忙说："别急，我还没说完呢。明天的米缸必须要玻璃做的，我还要举行一个仪式，用锤子敲打米缸，围着米缸转一圈，求神灵接纳我的供奉。"

　　瘦和尚疑惑地问："老板，玻璃米缸用锤子一敲就碎了，你让我们怎么抬回去呀？"

　　杂货店老板把手一摊，笑着说："如果米缸碎了，说明神灵不让我给你们米，我只好遵从神灵的指示了。"

　　胖和尚和瘦和尚回到寺里，非常气愤，决定想个办法对付这个杂货店老板。瘦和尚突然灵机一动：铁剑烧红锤打后，放到冷水里淬一下，就变得坚韧，不易折断；如果把玻璃也加热淬火，不是也不容易碎了吗？

　　他们立刻和师兄弟们干起来：他们抬来一口大玻璃米缸，把四壁、边缘打磨平整，然后，把它送进高温电炉中加热，等米缸热到将软未软时，就立刻把灼热的玻璃米缸送进一个吹风的设备中，给它里里外外均匀地吹风，让米缸突然冷却，就制成了一口钢化玻璃米缸。

　　第二天，胖和尚、瘦和尚和众师兄弟抬着这口特大的米缸

钢化玻璃碎后的样子

来到杂货店。

　　杂货店老板按照昨天说的，命人装了满满一缸大米。然后，他围着米缸转了一圈，边转边言不由衷地念着："神佛有灵，让我把这一缸米送给寺里，让师傅们带走吧。"同时用锤子使劲敲打着米缸。杂货店老板心中暗自得意，等着看米缸碎裂开来。谁知等了半天，也不见缸碎米洒，仔细一看，米缸丝毫未损。他正纳闷儿，忽听瘦和尚笑道："别看了，这米缸是钢化玻璃的，你用锤子是不容易敲碎的。"

　　胖和尚走上前说："多谢老板的慷慨，我们抬走了。"说完，便和众师兄弟抬着满缸的大米扬长而去。杂货店店老板一下蔫了："哎，早知道就不捉弄他们了。这下我可亏大了！"

火药为什么能够爆炸？
——火药老人的自述

从前有个洞，洞里有座山，山里有个年轻的老头儿，他坐在宽阔无比的小河边，讲一个历史悠久的新故事：

小朋友，我的名字叫火药。在古代的东汉时期，有一本书叫《神农本草经》，那里面说我妈妈叫"硝石"，爸爸叫"硫黄"，他们都属于药品，妈妈硝石被列为"上品药"，爸爸硫黄被列为"中品药"，那时我的爸爸和妈妈还没有成亲。

我出生在大约1300多年前的唐朝，那时候有个叫孙思邈的人，写了一本书叫《丹经》，书里说，用"二两硫黄""二两硝石""三两皂角子"就能把我做出来。也就是说，硫黄爸爸和硝石妈妈，用仅仅"三两皂角子"的嫁妆就结了婚生了我，后来又用木炭喂养我长大；我长大后，人们最初用我治病，我一直属于中草药家族；后来人们把我用于战争，使我长成一个脾气暴烈的黑脸娃娃。

在我刚刚200多岁的时候，宋朝人就用我做成火炮、火箭来攻打敌人。在我500岁时，也就是距今近八百年前的元朝，

157

有个叫成吉思汗的蒙古人，率领大军西征阿拉伯国家，我这黑火药的名字才传入阿拉伯，又由阿拉伯传入欧洲，使我成为中国古代的四大发明之一，我的故乡是中国。至于后来有的英国人、法国人、德国人说火药是他们国家发明的，那种火药都是我的孙子辈、重孙子辈，什么梯恩梯——TNT(三硝基甲苯)、硝化纤维、液氧炸药，虽然脾气比我暴烈，可都是我的子孙后代、徒子徒孙。

在距今四百多年前的明朝，有个人叫李时珍，他把我作为药材列入《本草纲目》，说我可以治疮癣，杀虫子等等。说实在的，我不愿意跟人家打架，打架我就要杀人，我愿意给人治病，所以至今人们还把我叫作"药"。

我的化学成分主要有三种，"一硝、二硫、三木炭"，这是抗日战争时期给我定的"家庭成分"。当时我虽然已1300多岁了，可为了保卫家乡，赶走侵略者，战胜法西斯，我就以族长的身份，号召全世界正义的徒子徒孙们组成各式的爆炸武器。中国抗战时期著名的地雷战中，最卖力气的就数我。

我的脾气本性非常暴烈，当我被点燃以后，我体内的硝酸钾就分解放出氧气，使我体内的木炭和硫黄急剧燃烧，突然产生大量的氮气、二氧化碳等许多化学气体。这时我的体积瞬间就可增大1000多倍，产生剧烈的膨胀，那层裹着我的"衣服"，当然会轰的一声爆炸啦，借着爆炸力，我就可以飞上天，飞到很远的地方。

硫黄

硝石

木炭

经过碾压

黑色火药

我的脾气可大了，沾火就着！

啊！

159

新中国成立后，不打仗了，我就被用来开山、拆危建，我还学会了"定向移动爆破"，为祖国的建设贡献我的力量。

小朋友，从古至今，我活了1300多岁，如今人们都叫我"炸药"，我反对人类用我来制造杀人武器。目前，我的徒子徒孙在地球上多得已能够毁灭好多个地球了。

今后，我也要为了世界和平而努力，我赞成诺贝尔先生的意见：我的一切要为了和平。

煤只能用作燃料吗？

　　煤，是一种能源，它在国民经济建设中发挥着重要的作用。为了让人们充分开发利用煤这一能源，我决心到煤中间进行一次采访。

　　这天我来到了煤厂。天哪！这里真是煤山煤海。我来到了面目皆黑的众多煤成员中，见到了一位煤中的长者，向他说明了我的来意。这位长者高兴地接受了我的采访。

　　我首先称赞地说："感谢煤给我们人类做的贡献！"长者把手挥一挥说："别这样说，我们在地底下被埋压了亿万年，是人类把我们从暗无天日的地狱中拯救了出来，使我们见到了光明。要说被感谢的应该是你们！我们为了感谢你们的救命之恩，长期以来，我们用那炽热的火焰为你们烧水、做饭、取暖、发电、开火车等等，那呼呼的火苗是我们一颗炽热的心啊！虽说，现在社会提倡清洁能源，生活用煤减少，可我们为人类做出的贡献可是巨大的呀！"

　　"是的，咱们是朋友，你们对于人类来说太重要了。我们

还称你们为'乌金'呢！"

"你们这样称呼我们，我们就更加心潮激荡了。我们煤呀，愿把我们的潜力充分挖掘出来，造福于人类。"

"太感谢了！"

长者沉思了一下说："小记者呀，请你告诉人们，特别是小朋友们，让他们别以为我们煤只能做燃料，我们还有更广泛的用途呢。把我们当燃料，仅仅是利用了我们身体里的碳。我们体内还含有大量的氢、氧、氮、硫、磷等元素。当把我们作燃料时，这些元素就都白白地溜掉了。"我听了后，感到用煤作燃料实际上是对煤的极大浪费。

长者好像看出了我心中的遗憾，便稍带安慰似的说："令我们高兴的是，科学发展很快，现在正在为煤创造更多的用武之地，工厂注意了对我们的科学利用。用干馏的方法，可以从我们身上得到了焦炭、煤焦油、煤气和氨水。焦炭可用于金属冶炼。你们将那又黑又臭、又滑又黏的煤焦油加工提炼，得到了许多工业原料。用这些原料制成了阿司匹林、杀虫药、染料、炸药、清毒剂，以及多种燃料油等。"

"我知道从煤中干馏出的煤气可以直接用作燃料。"

长者把手一拍，高兴地说："你说得很对。还有，氨水可以制作农业上用的氮肥，还可以用来制取工业上用的硝酸。"

"看来，你们浑身都是宝呀！今天回去后，我立即把咱们的谈话整理成一篇访谈录，并尽早发表出去，改变人们认为煤只能做燃料的传统观念，充分认识你们的价值，让你们在国民经济建设中大展宏图，实现你们造福人类的美好愿望。"

报纸放久了为什么会发黄?

　　李亮的爸爸最爱看报纸,不仅爱看,还爱剪贴。爸爸经常拿起剪刀,把有价值的材料小心翼翼地剪下来,贴到一个大本子上。

　　这天,李亮看到爸爸兴冲冲地拿回来几张报纸,顾不得吃饭就一张一张、一版一版地看起来。李亮好奇地凑过去一看,不禁脱口而出:"爸,报纸怎么都发黄啦?"

　　"这些报纸岁数大了,模样自然就不好看了,它们年轻的时候和现在的报纸是一样的,蛮漂亮的。"

　　李亮迷惑不解,又问爸爸:"那是为什么呀?"

　　爸爸眼睛一亮,高兴地笑起来,他急忙拿起了剪刀,边剪边回答:"这得从报纸的原料说起。在造纸厂里,磨木机把一根根的木头磨碎,然后蒸煮、打浆,接着炒纸机又是连拉带压,还要加热赶跑它的水分,最后就成了白报纸。"

　　"真不容易。"李亮感慨地说。

　　"对,这样,木材身上的纤维素就迁移到报纸里,所以报纸才有韧性。可时间一长，空气中的氧气和报纸里的纤维素慢慢化合，就使报纸发黄了。"爸爸接着说。

"啊，原来是这么回事。"李亮恍然大悟。

"另外，光线和纸的纤维也会起作用，日子长了，报纸也会发黄变脆的……"爸爸边说边剪个不停。

"爸爸，怪不得图书馆里装饰着一些彩色玻璃，原来是为了减轻光线对纸张的损害呀！"李亮若有所思地说。

"是的。"爸爸小心翼翼地把剪下的材料往本上贴，然后又赶忙翻开了另一张报纸。李亮也受到爸爸的感染，专心致志地看起报纸来。

冰箱里为什么能冻冰棍儿?

　　8月的太阳炙烤着大地,万物都变得死气沉沉的。马路上失去了往日的熙攘,树叶无精打采地低垂着,平时那呼啦啦飘动的彩旗也耷拉下来了。

　　可是,小芳的家里却是另一番景象。只见全家人在忙着摆放一件很大的东西。小芳像吃了开心果似的乐呵呵的。你知道这是为什么吗?原来,他们家刚刚又买回来了一台电冰箱。去年夏天家里的冰箱时好时坏,爷爷身体不好爸爸妈妈忙里忙外,没顾上修理,所以小芳一夏天吃冷饮都不方便。但是小芳是个懂事的孩子,她没有丝毫的怨言。今年爷爷奶奶的病好了,爸爸一高兴,说:"干脆买台新的。小芳吃冷饮就更方便了!"

　　冰箱买回来了,小芳快活地跳了起来,嚷嚷着:"快给我冻冰棍儿吃吧!"小芳的妈妈说:"看你急的,等放好了,马上给你冻。"又是一阵忙活,终于放好了冰箱,通上电,把糖水送进了冷冻室。

小芳的哥哥忙得出了一身热汗，顺手打开了电扇，口里说："凉快极了！"

平时爱动脑筋的小芳看看电扇，又看看冰箱，想了一会儿说："爸爸，冰箱里是不是有个小电扇对着糖水吹，等一会儿把糖水吹得特凉了就成了冰棍儿了？"这一问可把大家逗乐了。

妈妈说："傻孩子，电扇和冰箱都能使温度降低，但它们的降温原理却不同。"

"那有什么不同呢？"小芳紧接着问。

哥哥说："电扇一吹，虽然能使我们感受到有凉意，但电扇本身并不能吸收屋里的热量。它是通过转动产生风，这一股股的风加速了你身子周围空气的流动，使身上的汗水加速蒸发，汗水由液态变为气态吸收了身体上的热量，这样你就感到凉快了。"

哥哥一本正经地说完后问爸爸："爸爸，我说的没错吧？"

爸爸边点头边问哥哥："那你知道冰箱制冷的原理吗？"

"这，我就说不清楚了。"哥哥摇摇头。

小芳嗔怪道："你还保密，不想告诉我。以后我不和你好了！"

爸爸笑着对小芳说："爸爸最能急人所急，来，听爸爸告诉你。"小芳凑到了爸爸身旁："好爸爸，快说。"

"这还得从头说起。现在，大多数冰箱里有一种叫作氟利昂的化学物质。这种物质有一种特性，给它们加一定的压力，

它们就成为液态，当压力减小时，它们就又挥发成气态。它们由液态变为气态时，就像汗水蒸发一样，要吸收大量的热量。人们就利用这一原理制成了冰箱。

"在冰箱里有许多弯弯曲曲的管子，那里面装的是氟利昂。当冰箱工作时，压缩机运转产生压力使氟利昂变为液态。然后，把它们输入到冰箱里的压力低的冷冻管内。由于冷冻管内压力低，液态氟利昂就要变成气态氟利昂。这样氟利昂通过蒸发管就吸收了糖水中的热量，糖水温度就迅速降低。氟利昂不停地循环，糖水温度不断降低，最后就冻成冰棍儿了。冷冻室里的温度可达零下十几度呢。

"你看，冰箱制冷是通过氟利昂直接吸收物体的热量，而电扇则是加速物体周围空气的流动使物体的热量迅速散失。"

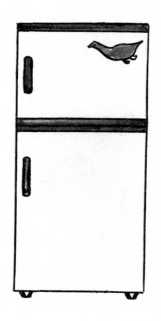

"噢，我知道是怎么回事了！"小芳欢呼着，"冰棍儿冻好了吧？"

"还有，现在已经有无氟冰箱了，就是采用不含氟的制冷剂，并且对系统内的润滑油、密封材料等进行了革命性的改革，采用先进的生产工艺，确保制冷效果。咱家这台新冰箱就是无氟的，它用的是一种新型的节能环保制冷剂……"

"我不管什么'有氟''无氟'，有冷饮就行！"小芳说。

"小馋嘴儿，再耐心等一会儿就好了。不过冷饮不能多吃多喝呀，会闹肚子的。"爸爸轻轻地拍着小芳的肩膀说。

合成纤维织物为什么易脏怕烫？

星期天早晨，蓓蓓照着镜子欣赏她的新套衫，忽然，她皱起眉头，嘟起了小嘴，对妈妈说："妈妈，怎么刚穿了一天的新套衫就脏了？"

妈妈愣了一下说："合成纤维的衣服因静电捣乱容易脏，但是也好洗，只要注意勤换勤洗就行了。快！脱下来，我给你洗一下。"

"不，我自己洗。"蓓蓓脱下套衫问，"妈妈，你说套衫脏了，是静电捣乱，为什么？"

"合成纤维套衫与身体摩擦带静电后，容易吸附空气中的灰尘，当然就容易脏啦。"妈妈说着就去拿洗衣盆。

"妈妈，我来！"蓓蓓挡住了妈妈，活动了一下胳膊，突然，她像发现了什么秘密似的，一阵惊喜："妈妈，怎么我的肩周炎不痛了？"

"是吗？对，听说医生让关节炎患者穿氯纶内衣内裤，就是利用静电对关节炎进行'电疗'。"

　　蓓蓓听了妈妈的话，高兴地跳了起来，她端来洗衣盆，把套衫放进盆里，撒上洗衣粉，就要从暖壶里倒开水。

　　"别，别倒开水！"妈妈急忙阻止。

　　"为什么？"蓓蓓瞪大了眼睛。

　　妈妈说："合成纤维织物在开水中泡，就会蜷缩起皱，甚至会缩小。"蓓蓓听后脸红了。

　　下午，套衫晾干了，蓓蓓把套衫取下来，平放在桌子上，又把熨斗插上电。过了一会儿，蓓蓓要熨烫套衫。妈妈走过来，找了块布一试，熨斗温度太高，就说："这类衣服不宜用高温熨斗烫，因为套衫软化温度低，熨斗温度一高，超过了纤维的软化温度，套衫就会熔化，不能穿了。"说着，她在套衫上垫上一层湿布，小心地熨烫起来，不一会儿，套衫就平展了。蓓蓓在一旁看着，心想：自己今天真是长了见识，想不到妈妈懂得还挺多。

纺织材料为什么能制造血管？

　　蓓蓓的舅舅因施工不慎受伤住院了，妈妈带着蓓蓓心急火燎地赶到医院。她们走进外科病房，蓓蓓见舅舅躺在床上，痛苦地咬着牙，鲜血从裹着绷带的右腿上渗出来，她吓得失声痛哭起来。

　　这时，一位护士进来，把妈妈叫到医生办公室，蓓蓓也跟了去。医生办公室里，外科大夫们正在查看舅舅的片子，见有人进来，就急切地问："你是小王师傅的亲属？"

　　妈妈说："对，我是他的姐姐。"

　　医生说："小王师傅急需做手术截除一段血管。"

　　妈妈流着泪焦急地说："血管破裂，可自行愈合，也可进行手术缝合，为什么要截除呢？"

　　医生解释说："小王师傅腿上有根血管发炎不能缝合，必须赶紧截除，换上一段同样长短粗细的'人造血管'，不然出血过多，就会有生命危险。"

　　妈妈不解地问："人造血管是什么？"

　　医生说："它是以蚕丝作原料织成的管状丝织物，经过物理机械性的折缩和化学性的树脂加工处理，使它具有强韧性和弹性，又有伸缩性，可以任意弯曲，不瘪不折，不断不裂，还可以不漏水，不渗血，血液经过其中，也不起任何变化。"

　　医生一口气说出来，然后又让蓓蓓的妈妈看墙上张贴的"人造血管"图形，其中有粗的、细的、粗细相连的，还有呈丫状的等等。

　　医生边指图边讲解："这种血管的形状各式各样，可根据伤者的需要选择使用。它们经过严格的消毒，用于人体内部代替真的血管，安全适用，经临床试用，已有上千人恢复了健

康。"蓓蓓的妈妈被说服了，她点头同意，并签了字。

舅舅被护士推进手术室，医生们也进去了。门关着，蓓蓓和妈妈等在外边，她们心急如焚，暗暗祷告。

几个小时过去了，手术室的门被打开，医生走出来高兴地告诉妈妈："手术成功了！"妈妈眼里闪动着惊喜的泪花，向医护人员致意道谢，可医生却微微一笑说："没什么，这是我们应尽的职责。"

住院半个月后，舅舅恢复了健康，他走起路来和正常人一样，出院不久就上班了。

记化学纤维王国展销会
——什么是人造纤维和合成纤维？

　　化学纤维国王向全世界发出通电，邀请各国派使者来参加他们一年一度的大型展销会。届时，许多国家的使者和商人纷至沓来。

　　他们进入展销大厅，一下子就被各式各样、五颜六色的"模特儿"吸引住了。人们东张西望，眼花缭乱，仿佛进入了一座绚丽多彩的迷宫。

　　贵宾们就座后，国王庄严宣布展销大会开始。首先由人造纤维家族派代表发言。

　　他说："我们人造纤维家族，也叫再生纤维家族，成员有粘胶纤维，铜氨纤维、醋酸纤维和富强纤维等。"介绍完成员后，他又说，"我们是以木材、棉籽、短绒等为原料，经过化学加工处理而生产出来的。我们的优点是吸湿性能好，穿着舒适，价格也便宜，缺点是受湿后强度降低，不耐久。"

　　他诚挚简短的介绍，立刻引起一片掌声。接着是一位披红挂彩的漂亮姑娘站出来发言，她的声音清脆甜美："我们是

合成纤维家族，成员有涤（dí）纶、腈纶、维纶、丙纶和氯纶等。你们看这些姑娘和小伙儿多漂亮，多精神！他们以煤、石油、天然气和电石为原料，经过化合制成有机高分子聚合体，再纺成各种纤维。我们的成员各有特点，强力高，不霉烂，不过……"姑娘的脸红了，"不过，我们吸湿和耐热性能差。"

这时，氯纶纤维赶紧站出来，拍拍胸膛说："我保暖性好，保你冬天穿上暖和。"丙纶纤维闪身跳起了轻盈的舞蹈，涤纶纤维蹦蹦跳跳，又打跟头，又踢飞脚，表现了它弹性极好的一面。此刻人造纤维家族成员也纷纷亮相，各显其能。一时，展销大厅里流光溢彩，气氛异常活跃，贵宾们啧啧赞叹，欢声笑语，争相订购。

国王高兴地宣布："告诉大家一个好消息，混纺织品家族今晚要进行精彩的时装表演！望各位贵宾届时光临。"顿时，会场上响起了暴风雨般的掌声。

别开生面的时装表演

——混纺织品为什么那么多？

晚上，时装表演大厅里灯火辉煌，座无虚席。表演开始，在欢快悦耳的轻音乐声中，成双结对的纤维混纺织物小姐、小伙儿、太太、先生款款步入舞台亮相，其中有涤纶小姐、棉涤纶小姐、毛涤纶太太、凡立丁小伙儿，还有华达尼先生等众多名模。他们花色齐全，款式新颖，体态轻盈，婀娜多姿，有的似荷花出水亭亭玉立，有的似英雄少年笔挺帅气，有的老当益壮风韵不减当年。人们看得满眼生辉，不禁议论赞叹：太妙了！怎么能生产这么多混纺的品种呢？

主持人宣布："下面由国王回答各国来宾的问题。"

有的问："什么是混纺织品？"

国王回答："混纺织品是把各种纤维按多种比例混纺而成的产品。"

有的提问："为什么化学纤维一般都做成混纺织品？"

国王说："各种纤维，无论是天然纤维、人造纤维和合成纤维，都各有长处，也各有短处。我们穿的衣服，总希望既透

177

气舒适，耐洗耐穿，又要有各种花色。把各种纤维特别是合成纤维，或人造纤维进行多种比例混纺，就可以充分利用各种纤维的特点，取长补短，调整织物的穿着性能和产品价格。"

主持人又宣布说："尊敬的各位来宾，现在你们可以随意试穿选购，我们的模特儿可以给你提供满意的服务。为了让各位贵宾都有机会，请大家排队有序试穿选购。"

一会儿，人们排好了队，欧洲的贵宾手提一件漂亮的花呢连衣裙问："这样的毛织品多少钱？"模特儿小姐笑盈盈地说："这是腈纶和粘胶混纺的花呢，价钱比毛织品便宜一半。"一位亚洲的小伙儿试穿一身西装，好帅气！他连声说道："又合身，又舒服，真棒！"模特儿小伙儿彬彬有礼地介绍："这是涤纶中混入 30% 的棉纤维混纺而成的产品。这种产品做成的西装既挺括耐穿，达到'快干免烫'的效果，又不感到气闷，欢迎大家选购。"人们争着试穿选购，称赞声不断，表演大厅洋溢着节日的气氛。

仅此一晚，混纺织品就卖出去上万件服装，有的大亨还成批订了货。化学纤维的混纺织品畅销全世界。

为什么萤火虫能发光?

　　立秋后的一天晚上，小明和叔叔一起到学校操场乘凉，看见学校西南角暗处有不少小亮点一闪一闪上下飞舞。小明觉得好奇就跑过去看，原来那里有一群带着"火焰"的萤火虫在飞舞。

　　小明听老师讲过"囊萤读书"的故事，非常喜欢萤火虫，也想捉几只带回家装在瓶子里照明。他又跑又跳一个劲儿追捕，一只萤火虫掉进草丛中，小明用手一动草，一个黑乎乎的东西从草丛中蹦出来，吓了小明一跳。真奇怪！怎么这东西身体下边还能发光？小明不敢动它，就一边盯住它，一边喊叔叔过来。

　　小明叔叔快步走来，蹲下身子一瞧，见是一只青蛙，就捉住它，笑哈哈地说："这只贪吃的青蛙，刚刚饱餐了一顿萤火虫。"

　　小明不解地问："青蛙吃了萤火虫，肚子里也能发光？"

　　叔叔说："青蛙吃进萤火虫肚皮发光，这是萤火虫里的

179

成光蛋白质与成光酵素变的把戏。"小明拉住叔叔的手，蛮有兴趣地问："叔叔，你给我好好讲讲。萤火虫发光是怎么变的把戏？"

叔叔想了一下说："萤火虫里的成光蛋白质是一种点不完的'灯油'；当萤火虫的尾巴上亮一下的时候，这是成光蛋白质在成光酵素的作用下，与氧发生作用，变成含氧成光蛋白质，于是就发出荧光。"

小明若有所思地说："青蛙吸进氧气，吃进的成光蛋白质就会变成含氧成光蛋白质，所以肚皮发光。"

"对！小明真聪明。告诉你吧，这种光是萤火虫把自身的化学能量转化成光能，萤火虫本身温度不升高而发出的光，叫冷光，这种光不仅柔和适目，而且节约耐用。"

小明摇着叔叔的手发急地问："叔叔，冷光这么好，为什么人们不把它利用起来呢？"

叔叔笑了笑说："人们已经利用荧光化学材料制成了日光灯。"

小明高兴地跳到叔叔对面，歪着头说："叔叔，将来我也要当一名科学家，让冷光更多地造福人类！"

晚上，小明做了一个梦：他真的成了一名科学家，带领人们走进了一座没有电灯的不夜城，一面巨大的镜子悬挂在空中，满城冷光明亮，柔和适目，人们欢声笑语，一派繁荣昌盛的景象。

肥皂为什么能去污?

"丁零零……"闹表急促的响声把杨华叫醒,他睁开惺忪的睡眼,一骨碌爬了起来,把自己和爸爸、妈妈换下的衣服都堆在一起。因为爷爷生病住院,爸爸、妈妈都到医院去了,杨华决定自己锻炼着洗衣服,给爸爸、妈妈一个惊喜。

杨华学着妈妈的样子,把衣服浸透,加上洗衣粉,泡了20来分钟,然后用洗衣机把衣服洗一洗。衣领和袖口仍有些脏,杨华便用肥皂搓洗。平时,他最喜欢打肥皂了,光滑、细腻,一搓就出现好多好多泡沫,挺好玩儿。真奇怪,用肥皂一洗,衣服就干净多了。肥皂为什么能去污呢?对了,楼下张爷爷是化工厂的工程师,一会儿去问他。想到这里,杨华把搓出的衣服用水冲干净,把衣服晾好便兴冲冲地去找张爷爷。

张爷爷戴着老花眼镜,正在侍弄他的一盆盆花。只见他眯缝着眼睛给这盆浇浇水,给那盆施施肥。知道了杨华的来意,张爷爷笑呵呵地说:"华华有股子钻劲。爷爷告诉你,做肥皂的物质,它的分子一部分能溶于水,叫'亲水基',一部分不溶于水却溶于油，叫'亲油基'。这样，肥皂就使原来互不相溶的油和水联系起来。洗衣服用了肥皂，油污就在水和肥皂的团团包围之中，这样，油污就渐渐溶解到水中。"

听到这里，杨华点了点头，他忽然又想起了什么，连忙问："爷爷，搓衣服时，为什么有那么多泡沫？"

张爷爷放下喷壶，把花盆里的黄叶捡干净，慢悠悠地说："当你搓衣服时，肥皂液就渗入了一些空气，而肥皂液的表面张力让空气不能顺利释放，这样就产生了大量的泡沫。"

"啊，原来是这么回事！"杨华非常高兴，也帮着张爷爷干起活来。

"华华，"张爷爷接着说，"衣服上的油污、灰尘被肥皂和水团团包围以后与衣服纤维间的附着力就减小了，它们很容易脱离衣服，随水漂去，这就是肥皂能去污的道理。"

"爷爷，看来小小的一块肥皂也不简单呢！"杨华感慨地说道。

"不简单！我们的小杨华也不简单啊，这么勤学好问，不简单，不简单……"张爷爷不住地夸杨华。

杨华咧开小嘴不好意思地笑了，像盛开的花朵……

去除衣服上的油垢

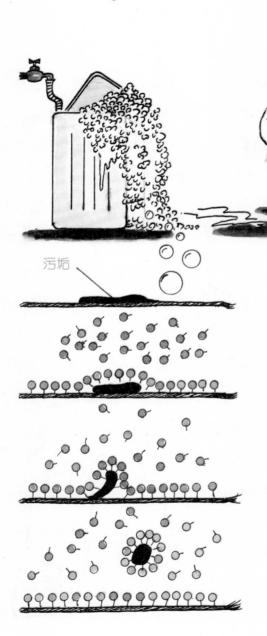

污垢

衣服上的油污和灰垢被水和肥皂的泡泡包围之后，与衣服纤维之间的附着力就减少了。它们便很容易脱离衣服，随水漂去。